趣味学 · Web 前端开发

# jQuery 程序设计案例教程

刘力维　高鹏　主编

龙九清　张博娜　王浩轩　郝溪　副主编

電子工業出版社

Publishing House of Electronics Industry

北京•BEIJING

## 内 容 简 介

本书基于项目式教学方法编写，将 jQuery 框架的知识内容完全融入其中，相关知识内容包括 jQuery 选择器、属性操作、样式操作、文档处理、筛选、事件、表单处理、多媒体标签处理、动画效果和 AJAX 应用等。另外，本书所涉及的知识内容也能够让初学者对 1+X Web 前端开发初级考试中的 jQuery 轻量级框架有一个基本的认识。

本书从初学者的角度出发，将 jQuery 框架的知识内容划分为 5 个模块，主要包括操作网页元素样式、操作网页元素属性、制作更多交互事件、AJAX 应用和常用插件。每个模块又划分为情景导入、任务分析、任务实施、扩展练习和测验评价环节。

本书内容详尽、结构清晰、图文并茂、通俗易懂，既突出了基础性内容，又重视实践性应用。本书既可作为各类职业院校计算机及相关专业的教材，也可作为 jQuery 框架初学者、编程爱好者的参考用书。



**图书在版编目（CIP）数据**

jQuery 程序设计案例教程 / 刘力维，高鹏主编. —北京：电子工业出版社，2022.9

ISBN 978-7-121-43790-8

Ⅰ. ①j… Ⅱ. ①刘… ②高… Ⅲ. ①JAVA 语言－程序设计－教材 Ⅳ. ①TP312.8

中国版本图书馆 CIP 数据核字（2022）第 176842 号

责任编辑：程超群　　　　特约编辑：田学清
印　　刷：天津千鹤文化传播有限公司
装　　订：天津千鹤文化传播有限公司
出版发行：电子工业出版社
　　　　　北京市海淀区万寿路 173 信箱　　　邮编：100036
开　　本：880×1230　1/16　印张：12.5　字数：272 千字
版　　次：2022 年 9 月第 1 版
印　　次：2022 年 9 月第 1 次印刷
定　　价：52.80 元

凡所购买电子工业出版社图书有缺损问题，请向购买书店调换。若书店售缺，请与本社发行部联系，联系及邮购电话：（010）88254888，88258888。

质量投诉请发邮件至 zlts@phei.com.cn，盗版侵权举报请发邮件至 dbqq@phei.com.cn。

本书咨询联系方式：（010）88254550，zhengxy@phei.com.cn。

# 前　言

新一轮科技革命与信息技术革命的到来，推动了产业结构调整与经济转型升级发展新业态的出现。在战略性新兴产业快速爆发式发展的同时，Web 前端开发人员已经成为网站开发、App 开发及人工智能终端设备界面开发的主要力量。企业加大门户网站的推广，从 PC 端到移动端，再到新显示技术、智能机器人、自动驾驶、智能穿戴设备、语言翻译和自动导航等新兴领域，全部需要运用 Web 前端开发技术。而 jQuery 作为 Web 前端开发技术之一，将 JavaScript 常用的功能代码进行封装，提供一种简便的 JavaScript 设计模式，实现了优化 HTML 文档操作、事件处理、动画设计和 AJAX 交互等功能。

## 本书特色

本书在讲解 jQuery 框架知识的同时，还为读者提供了大量的扩展练习案例。通过这些案例，能够使读者对自己所学的知识进行加强、巩固，从而获得更好的学习效果。

本书将 jQuery 框架的知识点与大量的案例有效地结合在一起，基本覆盖了 jQuery 框架的全部知识内容，包括 jQuery 选择器、属性操作、样式操作、文档处理、筛选、事件、表单处理、多媒体标签处理、动画效果和 AJAX 应用等。

建议读者在使用本书的过程中，采用边读边实践的方式来进行学习，这样不仅可以学得更有效率，还会学得更有乐趣。

## 本书作者

本书由刘力维、高鹏担任主编，由龙九清、张博娜、王浩轩、郝溪担任副主编，另外，杨耿冰、束芬琴、刘宇也参与了本书的编写。

由于编者水平有限，书中不足与疏漏之处在所难免，欢迎广大读者批评指正。

编　者

# 目　　录

# 案例概述

## 一、网站开发概述

网站开发是融网站策划、网页设计、网页编程、网站功能设计、网站优化技术、网站编辑、域名注册查询、网站建设、网站推广、网站评估、网站运营、网站整体优化和网站改版于一体的新型交叉学科。

网站开发的目的是制作一些专业性强的网站，如动态网页，使用的开发语言包括 JSP、PHP、ASP.NET、jQuery 等。网站开发不仅仅包括网站美化和网站内容的代码编写，其还涉及域名注册查询、网站的一些功能的开发。

JSP（Java Server Pages）是一种动态网页开发技术。它使用 JSP 标签在 HTML 网页中插入 Java 代码，标签通常以<%开头，以%>结束。JSP 是一种 Java Servlet，主要用于实现 Java Web 应用程序的用户界面部分。网页开发者们通过结合 HTML 代码、XHTML 代码、XML 元素及嵌入 JSP 操作和命令来编写 JSP。

PHP（PHP: Hypertext Preprocessor，超文本预处理器）是一种通用的开源脚本语言。PHP 脚本在服务器上执行，可免费下载使用，对初学者而言简单易学，也为专业的程序员提供了许多先进的功能，代码以 <?php 开头，以 ?> 结束。

ASP（Active Server Pages，动态服务器页面）也被称为经典 ASP，是在 1998 年作为微软的第一个服务器端脚本引擎推出的，它是一种使得网页中的脚本在因特网服务器上被执行的技术。

ASP.NET 是新一代 ASP，它与经典 ASP 是不兼容的，但 ASP.NET 可能包括经典 ASP。它的页面是经过编译的，这使得其运行速度比经典 ASP 快。ASP.NET 具有更好的语言支持，拥有一套用户控件和基于 XML 的组件，并集成了用户身份验证。

jQuery 技术的应用，只需要少量的代码，即可将它们集成到网站上，并且能够帮助访问者分享网站上的内容。jQuery 是一个快速、简洁的 JavaScript 框架，是一个优秀的 JavaScript 代码库。jQuery 设计的宗旨是“Write Less，Do More”，即倡导写更少的代码，做更多的事情。它封装 JavaScript 常用的功能代码，提供一种简便的 JavaScript 设计模式，优化 HTML 文档操作、事件处理、动画设计和 AJAX 交互。

jQuery 的特点如下。

（1）快速获取页面元素。

jQuery 的选择机制构建于 CSS 的选择器，它提供了快速查询 HTML 元素的能力，并且大大强化了在 JavaScript 中获取页面元素的方式。

（2）增强事件处理能力。

jQuery 提供了各种页面事件，可以避免程序员在 HTML 中添加太多事件处理代码。最重要的是，它的事件处理器消除了各种浏览器兼容性问题。

（3）更改网页内容。

jQuery 可以修改网页中的内容，如更改网页的文本、插入或翻转网页图像，它简化了原本需要使用 JavaScript 代码处理的方式。

（4）提供漂亮的页面动态效果。

jQuery 中内置了一系列的动画效果，可以开发出非常漂亮的网页。许多网站都使用 jQuery 内置的效果，如淡入淡出、元素移除等动态特效，如图 0-1 所示。

图 0-1　网页中的轮播特效

（5）创建 AJAX 无刷新网页。

AJAX 是异步的 JavaScript 和 XML 的简称，使用它可以开发出非常灵敏、无刷新的网页，特别是开发服务器端网页，比如 PHP 网站，需要往返地与服务器通信，如果不使用 AJAX，则每次数据更新都不得不重新刷新网页，而使用 AJAX 特效后，可以对页面进行局部刷新，提供动态的效果。

（6）提供对 JavaScript 结构的增强。

jQuery 提供了对基本 JavaScript 结构的增强，如元素迭代和数组处理等操作。

**实战知识窗**

对于大型组织和企业，网站开发团队可能由数以百计的人（Web 开发者）组成。在大型企业中，部门多且分工明确，如策划部负责设计规划网站整体框架、网站功能等；美工部负责设计制作网站 UI 效果图；开发部负责网站的开发和后期维护，前端工程师负责制作网站 Web 页面，PHP 工程师负责网站中 PHP 功能的开发；运营部负责网站的运营、市场的推广、客户维护等。

规模较小的企业可能只需要一个永久的网站管理员或相关的工作职位，如一个平面设计师或信息系统技术人员的二次分配。小型企业的网站可能只有几个网页，也可能简单到只有一个网页，所以在开发维护方面就不需要那么多人员，企业会选择一个技术全面的人员来完成。

## 二、案例介绍

相较于其他类型的案例而言，网站案例运用到的知识内容比较多，而且逻辑也更加复杂。因此，本书以小型网站案例为教学目标，将 jQuery 语言的知识点融入其中，这样既可以提高学生的学习兴趣，又可以保证覆盖教学体系的知识点，从而获得更好的教学效果。

小型网站案例通过一个 index.html 文件，将页面内容分成四屏，通过滚动鼠标滚轮，切换显示页面内容。每当切换至一屏的时候，该屏的内容都会通过 jQuery 动画效果动态地显现出来。第一屏内容将从屏幕左右两端向中间移动，如图 0-2 所示。

在第二屏中同样使用了从屏幕左右两端向中间移动的动画效果，还使用了 jQuery 控制视频的播放、暂停、快退、快进等，如图 0-3 所示。

在第三屏中采用了类似钢琴块的格子，图像依次由下而上显示，此外还应用了随机动画的方式在屏幕不同的位置显示闪烁的星星，并随即消失，如图 0-4 所示。

图 0-2　第一屏内容

图 0-3　第二屏内容

图 0-4　第三屏内容

在第四屏中也使用了从屏幕左右两端向中间移动的动画效果，如图 0-5 所示。在屏幕显示不同内容的同时，右侧对应的小圆点会相应地高亮显示，而其他小圆点则以灰色显示。

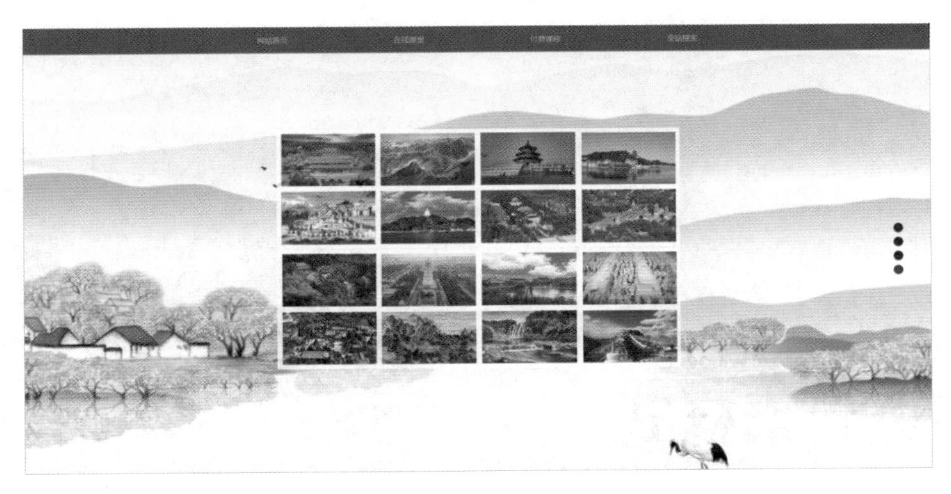

图 0-5　第四屏内容

通过对本书的学习，将最终实现一个完整的小型网站案例，并且将该案例按照知识点与制作流程拆解成若干个模块，每个模块都有明确的学习目标，使学生最终学会 jQuery 的所有知识点，如图 0-6 所示。

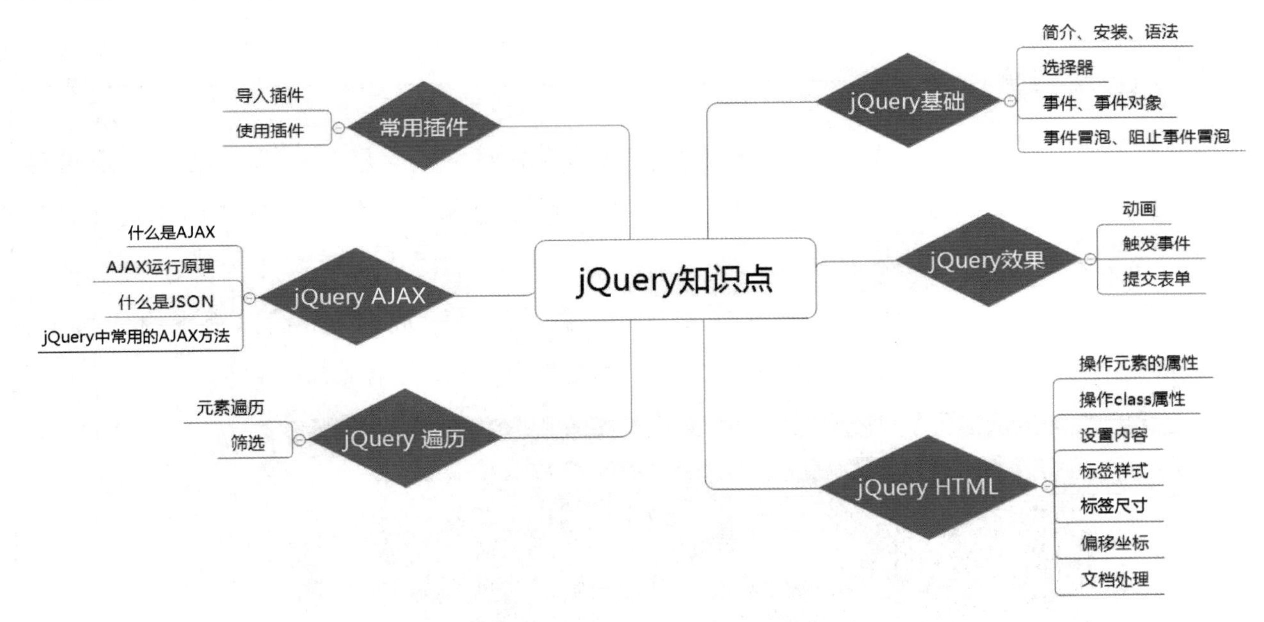


图 0-6　jQuery 知识点思维导图

本书在讲解 jQuery 知识点的同时，还针对不同的知识点提供了完备的练习题及参考代码，以方便巩固学生当前所学的知识内容。

通过对本书的学习，学生不仅能够掌握 jQuery 的所有知识点，同时也能够独立运用 jQuery 语言编写出更加复杂的案例，这将为以后从事网站开发相关工作打下良好的基础。另外，本书所涉及的知识内容也能够让初学者对 1+X Web 前端开发初级考试中的 jQuery 轻量级框架有一个基本的认识。

模块 1

# 操作网页元素样式

## 情景导入

操作网页元素样式在网站开发中是非常常见的功能模块。当用户打开网站且页面内容加载完成之后，图像会依次由下而上显示，如本书中小型网站案例的第三屏，如图 1-1 和图 1-2 所示；或使用鼠标单击页面中的小图片，被选中的小图片会逐渐放大并占满大半个屏幕；或滚动鼠标滚轮让页面内容向上滑动，然后显示出下一屏内容；或控制视频的播放、暂停、快进、快退等。这些网页特效都可以通过使用 jQuery 配合 CSS 实现。

图 1-1　图片原始样式

图 1-2　图片放大后的样式

## 任务分析

操作网页元素样式的实现，通常需要在网页中添加 jQuery 库。jQuery 库中提供了丰富的方法便于应用。在小型网站案例中，使用 jQuery 页面载入事件设置网页内容的入场特效；使用 jQuery 给图片添加鼠标单击事件，单击小图片后，为其设置逐渐放大的动画效果；使用 jQuery 给关闭按钮添加鼠标单击事件，单击关闭按钮，将大图片设置为逐渐变为原来的样式。通过使用 jQuery 操作 HTML 元素的 CSS 样式来实现本书中小型网站案例的第三屏图片的放大效果。实现操作网页元素样式模块的思维导图如图 1-3 所示。

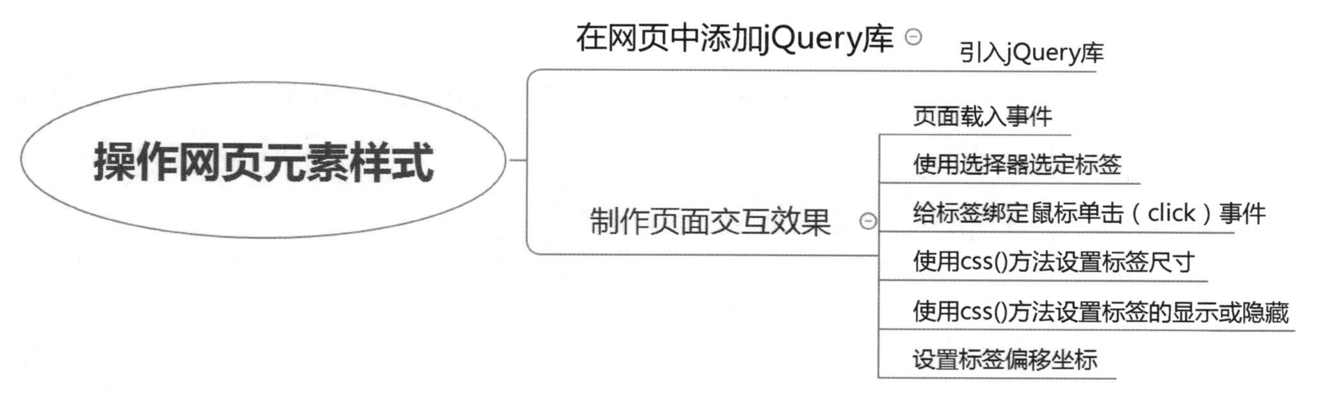


图 1-3　实现操作网页元素样式模块的思维导图

操作网页元素样式模块在整体的实现上可以划分为以下两个步骤。

- 在网页中添加 jQuery 库。
- 制作页面交互效果。

## 任务实施

### 步骤 1：在网页中添加 jQuery 库

制作图片交互效果需要引入 jQuery 库。

#### 【知识链接】引入 jQuery 库

jQuery 库是一个 JavaScript 文件，可以使用 HTML 的<script>标签引用它。这一步是使用 jQuery 的第一步，也是不可或缺的一步，只有引入了 jQuery 库，才可以使用 jQuery 的方法。就像在现实生活中，如果你想使用手机，就要先把手机拿到手中。

**示例**

```
<!DOCTYPE html>
<html>
  <head>
    <title>jQuery 案例</title>
    <meta charset="utf-8" />
<script type="text/javascript" src="res/jquery/jquery-1.8.3.min.js"></script>
  </head>
  <body>

  </body>
</html>
```

**代码讲解**

```
    <script type="text/javascript" src=" res/jquery/jquery-1.8.3.min.js">
</script>
    通过 HTML 的 <script> 标签，引入 jQuery 库。
    type="text/javascript"：表明当前是 JavaScript 脚本语言。
    src=" res/jquery/jquery-1.8.3.min.js"：指定 jQuery 文件路径。
```

### 步骤 2：制作页面交互效果

在学习 jQuery 之前，需要对 HTML、CSS、JavaScript 有一定的了解。在制作页面动画、页面特效时，需要对页面元素进行操作，首先通过选择器获取页面的 HTML 元素，然后操作 HTML 元素的 CSS 样式来实现效果。

## 【知识链接】jQuery 选择器

jQuery 选择器允许对 HTML 元素组或单个元素进行操作。

jQuery 选择器基于元素的 id、类、类型、属性、属性值等“查找”（或选择）HTML 元素。它基于已经存在的 CSS 选择器，除此之外，它还有一些自定义的选择器。

jQuery 中的所有选择器都以美元符号开头：$()。

### 1. id 选择器

id 选择器通过 HTML 元素的 id 属性选取指定的元素。由于页面中元素的 id 是唯一的，因此要在页面中选取唯一的元素，就需要使用 id 选择器。就像在现实生活中，一个人的身份证号是唯一的，我们可以通过身份证号找到对应的人。

**语法格式**

```
$("#id")
```

**示例**

```
<!DOCTYPE html>
<html>
  <head>
    <title>jQuery 案例</title>
    <meta charset="utf-8" />
    <style>
        div{
            width: 120px;
            height: 80px;
            text-align: center;
        }
    </style>
    <script type="text/javascript" src="res/jquery/jquery-1.8.3.min.js">
</script>
    <script type="text/javascript">
      $(function(){
          $("#div1").css("background-color","red");
      })
    </script>
  </head>
  <body>

    <div id="div1">jquery 选择器</div>
```

```
  </body>
</html>
```

**代码讲解**

```
1. 页面载入事件
    $(function(){
     …
    })
    jQuery 页面载入事件。当页面载入完成时，将执行{}中的代码。
    注：jQuery 事件将在后面的课程中详细介绍。

2. id 选择器
    $("#div1").css("background-color","red");
    通过 id 选择器，设置 HTML 元素背景颜色。
    $("#div1")：id 选择器，选定 id 属性为 div1 的 HTML 元素。
    css("background-color","red")：设置 HTML 元素背景颜色。
    注：jQuery 的 CSS 操作将在后面的课程中详细介绍。
```

**运行效果**

运行效果如图 1-4 所示。

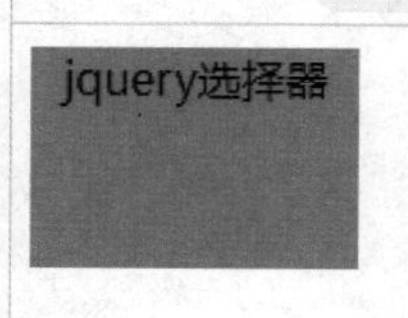


图 1-4　使用 id 选择器更改元素背景颜色

### 2. class 选择器

class 选择器选取带有指定 class 的元素。class 引用 HTML 元素的 class 属性。与 id 选择器不同，class 选择器常用于多个元素，这样就可以为带有相同 class 属性的任何 HTML 元素设置特定的样式。

**语法格式**

```
$(".class")
```

**示例**

```
<!DOCTYPE html>
<html>
  <head>
    <title>jQuery 案例</title>
    <meta charset="utf-8" />
    <style>
       div{
```

```
            width: 120px;
            height: 80px;
            text-align: center;
        }
    </style>
    <script type="text/javascript" src="res/jquery/jquery-1.8.3.min.js">
</script>
    <script type="text/javascript">
      $(function(){
          $(".square").css("background-color","#FF0000");
      })
    </script>
  </head>
  <body>

    <div class="square">方形</div>
    <div class="circle">圆形</div>
    <div class="oval">椭圆形</div>
    <div class="square">方形</div>

  </body>
</html>
```

**代码讲解**

**$(".square").css("background-color","#FF0000");**

通过 class 选择器，设置 HTML 元素背景颜色。

$(".square")：class 选择器，选定 class 属性为 square 的 HTML 元素。

**运行效果**

运行效果如图 1-5 所示。

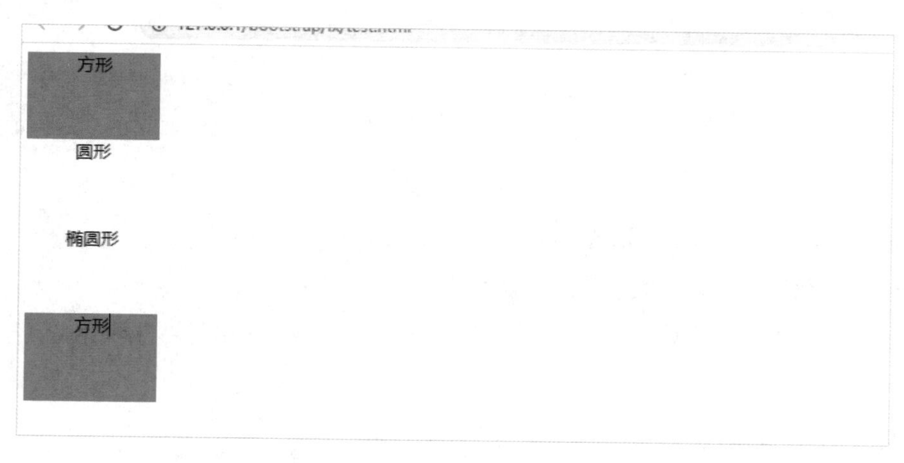


图 1-5　使用 class 选择器更改元素背景颜色

### 3. 标签选择器

标签选择器基于标签名选取元素。该选择器会选取所有指定标签的元素，如$("p")，即选取这个页面中的所有 p 标签。当需要对页面中所有的某种标签进行操作时，就可以使用这种选择器。

**语法格式**

```
$("标签名")
```

**示例**

```
<!DOCTYPE html>
<html>
  <head>
    <title>jQuery 案例</title>
    <meta charset="utf-8" />
    <script type="text/javascript" src="res/jquery/jquery-1.8.3.min.js">
</script>
    <script type="text/javascript">
      $(function(){
         $("section").css("background-color","#FF0000");
      })
    </script>
  </head>
  <body>

    <section>导航</section>
    <p>段落内容</p>
    <p>段落内容</p>
    <section>版权</section>

  </body>
</html>
```

**代码讲解**

```
$("section ").css("background-color","#FF0000");
通过标签选择器，设置 HTML 元素背景颜色。
$("section")：标签选择器，选定标签名为 section 的 HTML 元素。
```

**运行效果**

运行效果如图 1-6 所示。

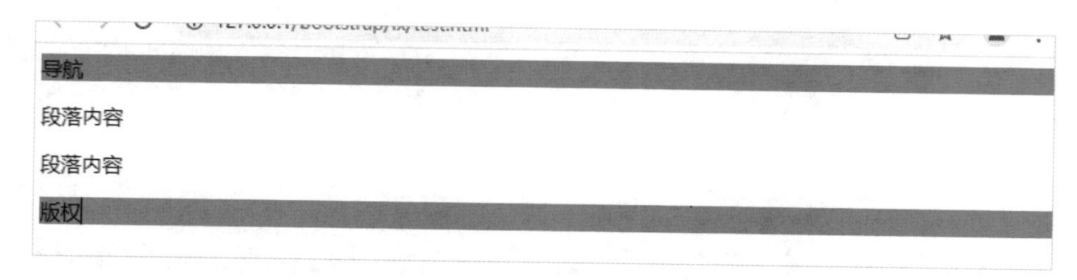


图 1-6　使用标签选择器更改元素背景颜色

4. 群组选择器

jQuery 将多个选择器匹配到的元素合并为一个结果，多个选择器之间使用逗号隔开。例如$("p,div,.intro")，即匹配所有的 p 标签和 div 标签，以及类名为 intro 的标签。当需要对许多不同的标签进行操作时，使用群组选择器可以对代码进行简化。

**语法格式**

```
$("选择器 1,选择器 2,选择器 3…")
```

**示例**

```
<!DOCTYPE html>
<html>
  <head>
    <title>jQuery 案例</title>
    <meta charset="utf-8" />
    <script type="text/javascript" src="res/jquery/jquery-1.8.3.min.js">
</script>
    <script type="text/javascript">
      $(function(){
          $("#header,.footer").css("background-color","#FF0000");
      })
    </script>
   </head>
   <body>

    <div id="header">导航</div>
    <div>正文内容</div>
    <div class="footer">版权</div>

   </body>
  </html>
```

**代码讲解**

```
$("#header,.footer").css("background-color","#FF0000");
```

通过群组选择器，设置 HTML 元素背景颜色。

$("#header,.footer")：群组选择器，选定 id 属性为 header 和 class 属性为 footer 的

```
HTML 元素。
```

**运行效果**

运行效果如图 1-7 所示。

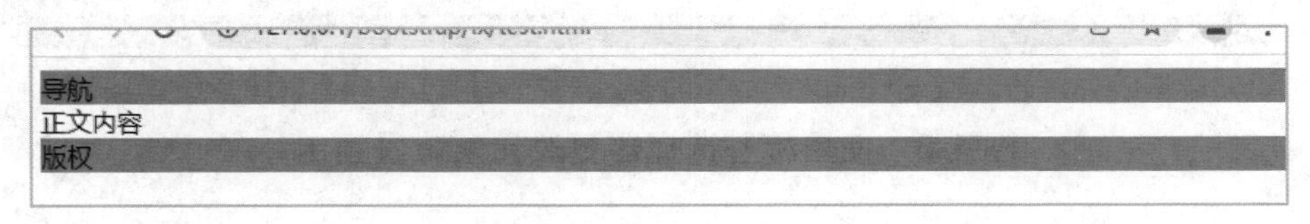


图 1-7　使用群组选择器更改元素背景颜色

### 5. 层级选择器

jQuery 在给定的祖先元素下，匹配所有指定的后代元素。两个层级之间使用空格分隔。

**语法格式**

```
$("祖先选择器 1  后代选择器 2")
```

**示例**

```
<!DOCTYPE html>
<html>
  <head>
    <title>jQuery 案例</title>
    <meta charset="utf-8" />
    <script type="text/javascript" src="res/jquery/jquery-1.8.3.min.js">
</script>
    <script type="text/javascript">
      $(function(){
          $("form input").css("background-color","#FF0000");
      })
    </script>
  </head>
  <body>

    <form>
      <input type="text" /><br/>
      <input type="submit" value="提交" />
    </form>
    <input type="button" value="按钮" />

  </body>
</html>
```

**代码讲解**

```
    $("form input").css("background-color","#FF0000");
```

通过层级选择器，设置 HTML 元素背景颜色。
$("form input")：层级选择器，选定 form 元素下所有的 input 元素。

**运行效果**

运行效果如图 1-8 所示。

图 1-8　使用层级选择器更改元素背景颜色

### 6. 属性选择器

属性选择器用于匹配标签中所有带有指定属性并且值为指定属性值的元素，一般用于筛选到一定数量的标签后进行进一步的筛选。

**语法格式**

```
$("选择器[属性名='属性值']")
```

**示例**

```
<!DOCTYPE html>
<html>
  <head>
    <title>jQuery 案例</title>
    <meta charset="utf-8" />
    <script type="text/javascript" src="res/jquery/jquery-1.8.3.min.js">
</script>
    <script type="text/javascript">
      $(function(){
        $("input[type='text']").css("background-color","#FF0000");
      })
    </script>
  </head>
  <body>

    <input type="text" /><br/>
    <input type="text" /><br/>
    <input type="password" /><br/>
    <input type="radio" /><br/>

  </body>
</html>
```

**代码讲解**

```
$("input[type='text']").css("background-color","#FF0000");
通过属性选择器，设置 HTML 元素背景颜色。
$("input[type='text']")：属性选择器，选定 type 属性值为 text 的 input 标签。
```

**运行效果**

运行效果如图 1-9 所示。

图 1-9 使用属性选择器更改元素背景颜色

7. [attribute!=value]选择器

[attribute!=value]选择器选取每个不带有指定属性或值的元素。带有指定属性但不带有指定的值的元素和不带有指定属性的元素都会被选中。该选择器一般用于筛选到一定数量的标签后进行进一步的筛选。

**语法格式**

```
$("[attribute!='value']")
```

**示例**

```
<!DOCTYPE html>
<html>
  <head>
    <title>jQuery 案例</title>
    <meta charset="utf-8" />
    <script type="text/javascript" src="res/jquery/jquery-1.8.3.min.js">
</script>
    <script type="text/javascript">
      $(function(){
          $("div[id!='div2']").css("background-color","#FF0000");
      })
    </script>
  </head>
  <body>

    <div id="div1">id 为 div1</div>
    <div id="div2">id 为 div2</div>
    <div id="div3">id 为 div3</div>
    <div id="div4">id 为 div4</div>
```

```
  </body>
</html>
```

**代码讲解**

```
$("div[id!='div2']").css("background-color","#FF0000");
```

通过[attribute!=value]选择器，设置 HTML 元素背景颜色。

$("div[id!='div2']"): [attribute!=value]选择器，选定 id 值不是 div2 的 div 标签。

**运行效果**

运行效果如图 1-10 所示。

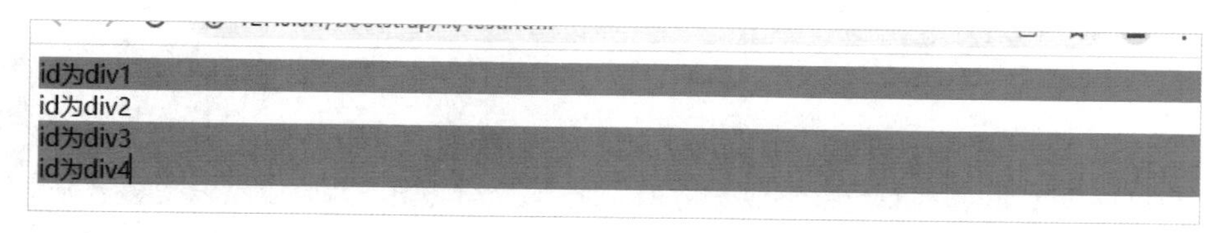


图 1-10　使用[attribute!=value]选择器更改元素背景颜色

8. :eq()选择器

:eq()选择器选取带有指定索引值的元素。索引值从 0 开始，所有第一个元素的索引值都为 0（不是 1）。该选择器经常与其他选择器一起使用，用于选取指定的组中特定序号的元素。

**语法格式**

```
$(":eq(index)")
```

**示例**

```
<!DOCTYPE html>
<html>
  <head>
    <title>jQuery 案例</title>
    <meta charset="utf-8" />
    <script type="text/javascript" src="res/jquery/jquery-1.8.3.min.js">
</script>
    <script type="text/javascript">
      $(function(){
          $("div:eq(2)").css("background-color","#FF0000");
      })
    </script>
  </head>
  <body>

    <div>div1</div>
    <div>div2</div>
    <div>div3</div>
```

```
        <div>div4</div>

    </body>
</html>
```

**代码讲解**

```
    $("div:eq(2)").css("background-color","#FF0000");
    通过:eq()选择器，设置 HTML 元素背景颜色。
    $("div:eq(2)")：:eq()选择器，选定 index 值为 2 的 div 元素。
```

**运行效果**

运行效果如图 1-11 所示。

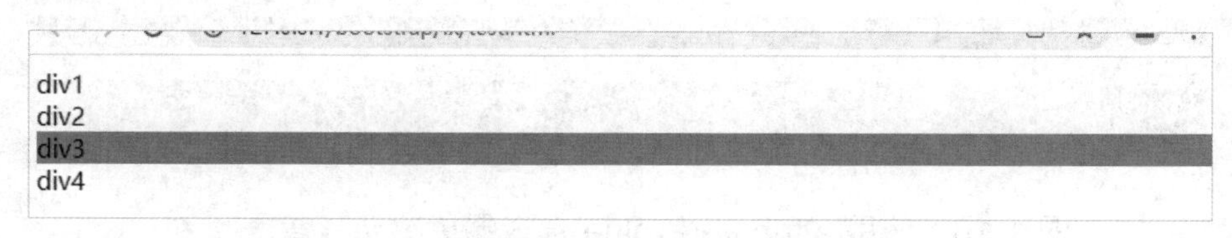


图 1-11　使用:eq()选择器更改元素背景颜色

### 9. even 选择器

even 选择器用于匹配指定选择器选取的所有元素中索引为偶数的元素。索引从 0 开始计数，0 对应选取到的第一个元素并依次向后。

**语法格式**

```
$("选择器:even")
```

**示例**

```
<!DOCTYPE html>
<html>
  <head>
    <title>jQuery 案例</title>
    <meta charset="utf-8" />
    <script type="text/javascript" src="res/jquery/jquery-1.8.3.min.js">
</script>
    <script type="text/javascript">
        $(function(){
            $("input:even").css("background-color","red");
        })
    </script>
  </head>
  <body>

    <input type="button" value="按钮 0"/><br/>
    <input type="button" value="按钮 1"/><br/>
```

```
    <input type="button" value="按钮 2"/><br/>
    <input type="button" value="按钮 3"/><br/>
    <input type="button" value="按钮 4"/><br/>
    <input type="button" value="按钮 5"/><br/>

  </body>
</html>
```

**代码讲解**

```
$("input:even").css("background-color","red");
通过 even 选择器，将页面中所有 index 为偶数的 input 标签背景颜色改为红色。
$("input:even")：查找所有 index 为偶数的 input 标签。
```

**运行效果**

运行效果如图 1-12 所示。

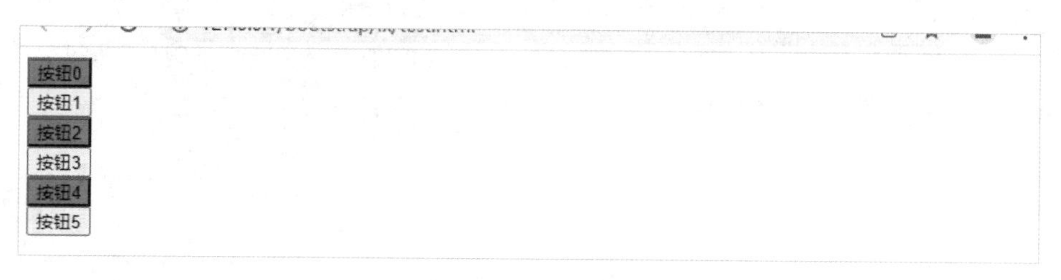


图 1-12　选择 index 为偶数的标签更改背景颜色

10. odd 选择器

odd 选择器用于匹配指定选择器选取的所有元素中索引为奇数的元素。索引从 0 开始计数，0 对应选取到的第一个元素并依次向后。

**语法格式**

```
$("选择器:odd")
```

**示例**

```
<!DOCTYPE html>
<html>
  <head>
    <title>jQuery 案例</title>
    <meta charset="utf-8" />
    <script type="text/javascript" src="res/jquery/jquery-1.8.3.min.js">
</script>
    <script type="text/javascript">
        $(function(){
            $("input:odd").css("background-color","red");
        })
    </script>
```

```
  </head>
  <body>

    <input type="button" value="按钮 0"/><br/>
    <input type="button" value="按钮 1"/><br/>
    <input type="button" value="按钮 2"/><br/>
    <input type="button" value="按钮 3"/><br/>
    <input type="button" value="按钮 4"/><br/>
    <input type="button" value="按钮 5"/><br/>

  </body>
</html>
```

**代码讲解**

**$("input:odd").css("background-color","red");**

通过 odd 选择器，将页面中所有 index 为奇数的 input 标签背景颜色改为红色。

$("input:odd")：查找所有 index 为奇数的 input 标签。

**运行效果**

运行效果如图 1-13 所示。

图 1-13　选择 index 为奇数的标签更改背景颜色

jQuery 的一些其他选择器如表 1-1 所示。

表 1-1　jQuery 的一些其他选择器

| 语法格式 | 描述 |
|---|---|
| $("*") | 匹配所有元素 |
| $(this) | 将 JavaScript 对象 this 转换为 jQuery 对象 |
| $(document) | 将 JavaScript 对象 document 转换为 jQuery 对象 |
| $("父选择器>子选择器") | 在给定的父元素下匹配所有直接子元素 |
| $("选择器:first") | 匹配找到的第一个元素 |
| $("选择器:last") | 匹配找到的最后一个元素 |
| $("选择器:empty") | 匹配所有不包含子元素或文本的空元素 |
| $("选择器:parent") | 匹配含有子元素或文本的元素 |
| $("选择器:has(选择器)") | 匹配含有选择器所匹配的元素的元素 |
| $("选择器:hidden") | 匹配所有不可见元素 |
| $("选择器:visible") | 匹配所有可见元素 |

续表

| 语法格式 | 描述 |
|---|---|
| $("选择器[属性名]") | 匹配包含给定属性的元素 |
| $("选择器:first-child") | 匹配第一个子元素 |
| $("选择器:last-child") | 匹配最后一个子元素 |
| $("选择器:nth-child(index)") | 匹配其父元素下的第 *N* 个子元素 |

注：除上述选择器外，jQuery 选择器还有很多，在此就不一一介绍了。

## 【知识链接】jQuery 事件

jQuery 是为事件处理特别设计的。页面对不同访问者的响应叫作事件。事件处理程序指的是当在 HTML 中触发某些事件时所调用的方法。在事件中经常使用术语“触发”（或“激发”），如“当你按下按键时触发 keypress 事件”。

### 1. ready()方法

页面载入事件。当页面载入完成后，执行绑定的函数。当我们在页面加载完成后需要进行某些操作时，就要用到这个方法，就像我们使用电脑需要等待电脑开机一样。

**语法格式**

```
$(document).ready(function(){
  …
});
```

**示例**

```
<!DOCTYPE html>
<html>
  <head>
    <title>jQuery 案例</title>
    <meta charset="utf-8" />
    <script type="text/javascript" src="res/jquery/jquery-1.8.3.min.js">
</script>
    <script type="text/javascript">
      $(document).ready(function(){
          alert("页面载入事件！");
      });
    </script>
  </head>
  <body>

  </body>
</html>
```

**代码讲解**

```
$(document).ready(function(){
    alert("页面载入事件！");
});
```

添加页面载入事件。

$(document)：获取当前 HTML 文档对象。

ready(function(){…})：添加页面载入事件，并指定将要执行的函数。

alert("页面载入事件！")：页面载入事件，将要执行的代码。

页面载入事件有更简单的写法，具体如下。

**语法格式**

```
$(function(){
  …
});
```

**示例**

```
<!DOCTYPE html>
<html>
  <head>
    <title>jQuery 案例</title>
    <meta charset="utf-8" />
    <script type="text/javascript" src="res/jquery/jquery-1.8.3.min.js">
</script>
    <script type="text/javascript">
     $(function(){
         alert("页面载入事件！");
     })
    </script>
  </head>
  <body>

  </body>
</html>
```

**代码讲解**

```
$(function(){
    alert("页面载入事件！");
})
```

添加页面载入事件。

**运行效果**

运行效果如图 1-14 所示。

图 1-14　页面载入事件案例运行效果

### 2. hover()方法

一个模仿鼠标悬停的事件，即鼠标光标移动到一个对象上及移出这个对象的方法。该方法可以用于实现鼠标悬停效果，第一个函数为鼠标光标进入的回调函数，第二个函数为鼠标光标离开的回调函数。当需要制作鼠标光标移入移出效果时，可以使用这个方法。

**语法格式**

```
$("选择器").hover(进入函数,移出函数)
```

**示例**

```
<!DOCTYPE html>
<html>
  <head>
    <title>jQuery 案例</title>
    <meta charset="utf-8" />
    <style type="text/css">
      div{
        width:100px;
        height:100px;
        background-color:#00FF00;
        border-radius:10px;
      }
    </style>
    <script type="text/javascript" src="res/jquery/jquery-1.8.3.min.js">
</script>
    <script type="text/javascript">
     $(function(){
        $("div").hover(function(){
           $(this).css("border-radius","100px");
        },function(){
           $(this).css("border-radius","10px");
        });
     })
    </script>
  </head>
```

```
  <body>

    <div></div>

  </body>
</html>
```

**代码讲解**

```
$("div").hover(function(){
    $(this).css("border-radius","100px");
},function(){
    $(this).css("border-radius","10px");
});
```

使用 hover()方法制作鼠标悬停效果。

$("div")：标签选择器。选定标签名为 div 的 HTML 元素。

hover()：添加鼠标悬停效果。

第一个函数：鼠标光标进入的回调函数。

第二个函数：鼠标光标离开的回调函数。

$(this)：将 JavaScript 的 this 对象转换为 jQuery 对象。

$(this).css()：设置当前 HTML 元素的显示样式。

**运行效果**

运行效果如图 1-15 所示。初始为圆角矩形，当鼠标光标移入后变成圆形，当鼠标光标移出后恢复成圆角矩形。

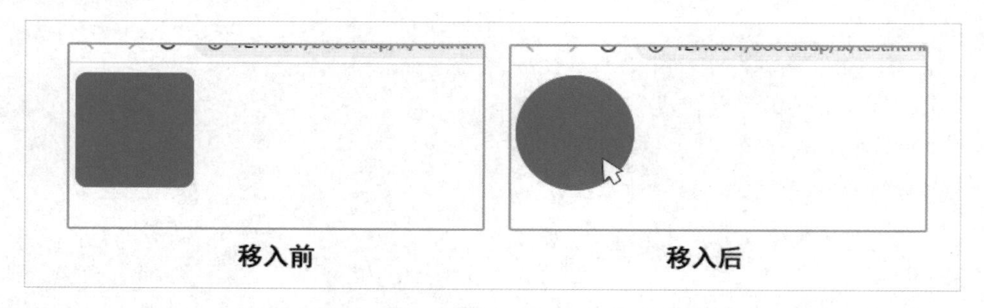


图 1-15　鼠标光标移入移出效果

### 3. bind()方法

为每一个匹配元素绑定事件。第一个参数表示添加哪种类型的事件，第二个参数表示当这个事件被触发后要执行的函数。

**语法格式**

```
$("选择器").bind(事件类型,处理函数)
```

**示例**

```
<!DOCTYPE html>
```

```
<html>
  <head>
    <title>jQuery 案例</title>
    <meta charset="utf-8" />
    <script type="text/javascript" src="res/jquery/jquery-1.8.3.min.js">
</script>
    <script type="text/javascript">
     $(function(){
        $("input").bind("click",function(){
           alert("按钮被单击了！");
        });
     })
    </script>
  </head>
  <body>

    <input type="button" value="按钮" />

  </body>
</html>
```

**代码讲解**

```
$("input").bind("click",function(){
   alert("按钮被单击了！");
});
```

使用 bind()方法为 input 元素绑定鼠标单击事件。

$("input")：标签选择器。选定标签名为 input 的 HTML 元素。

bind()：用于为指定的 HTML 元素绑定事件。

click：事件类型，表示绑定的是鼠标单击事件。

function(){…}：事件被触发时将要执行的函数。

**运行效果**

运行效果如图 1-16 所示。单击“按钮”按钮弹出提示框，显示“按钮被单击了!”。

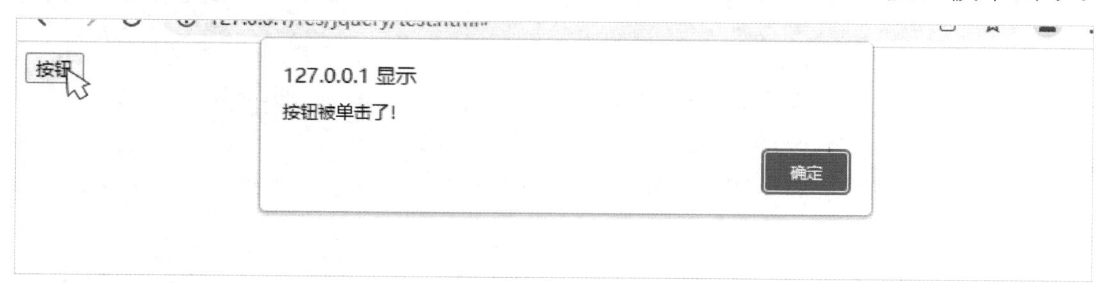


图 1-16　使用 bind()方法绑定鼠标单击事件的运行效果

### 4. mousedown()方法

当鼠标指针移动到元素上方并按下鼠标按键时，会触发 mousedown 事件。与 click 事件不同，mousedown 事件仅需要按键被按下而不需要松开即可发生。使用 mousedown()方法触发 mousedown 事件，或规定当触发 mousedown 事件时运行的函数。

**语法格式**

```
$("选择器"). mousedown(处理函数)
```

**示例**

```
<!DOCTYPE html>
<html>
  <head>
    <title>jQuery 案例</title>
    <meta charset="utf-8" />
    <script type="text/javascript" src="res/jquery/jquery-1.8.3.min.js">
</script>
    <script type="text/javascript">
     $(function(){
         $("input").mousedown(function(){
             alert("鼠标在按钮上按下");
         });
     })
    </script>
  </head>
  <body>
    <input type="button" value="按钮" />
  </body>
</html>
```

**代码讲解**

```
$("input").mousedown(function(){
        alert("鼠标在按钮上按下");
});
```

为按钮绑定鼠标按下事件。

$("input")：标签选择器。选定标签名为 input 的 HTML 元素。

mousedown()：用于为指定的 HTML 元素绑定鼠标按下事件。

function(){…}：当事件被触发时将要执行的函数。

**运行效果**

运行效果如图 1-17 所示。按下“按钮”按钮，弹出提示框，显示“鼠标在按钮上按下”。

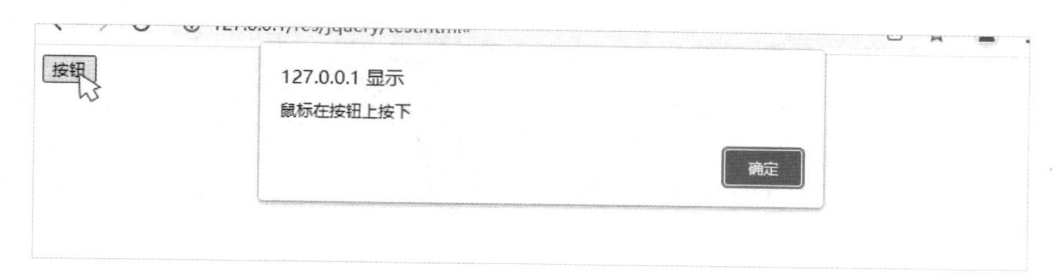


图 1-17　绑定鼠标按下事件的运行效果

5. click()方法

当单击元素时，会触发 click 事件。当鼠标指针停留在元素上方，按下鼠标左键并松开时，会触发一次 click 事件。使用 click()方法触发 click 事件，或规定当触发 click 事件时运行的函数。当需要制作按钮被单击效果时，就可以使用这个方法。

**语法格式**

```
$("选择器"). click(处理函数)
```

**示例**

```
<!DOCTYPE html>
<html>
  <head>
    <title>jQuery 案例</title>
    <meta charset="utf-8" />
    <script type="text/javascript" src="res/jquery/jquery-1.8.3.min.js">
</script>
    <script type="text/javascript">
     $(function(){
         $("input").click(function(){
             alert("按钮被单击了！");
         });
     })
    </script>
  </head>
  <body>

    <input type="button" value="按钮" />

  </body>
</html>
```

**代码讲解**

```
$("input").click(function(){
    alert("按钮被单击了！");
});
```

为按钮绑定鼠标单击事件。

$("input")：标签选择器。选定标签名为 input 的 HTML 元素。

click()：用于为指定的 HTML 元素绑定鼠标单击事件。

function(){…}：当事件被触发时将要执行的函数。

**运行效果**

运行效果如图 1-18 所示。单击“按钮”按钮，弹出提示框，显示“按钮被单击了!”。

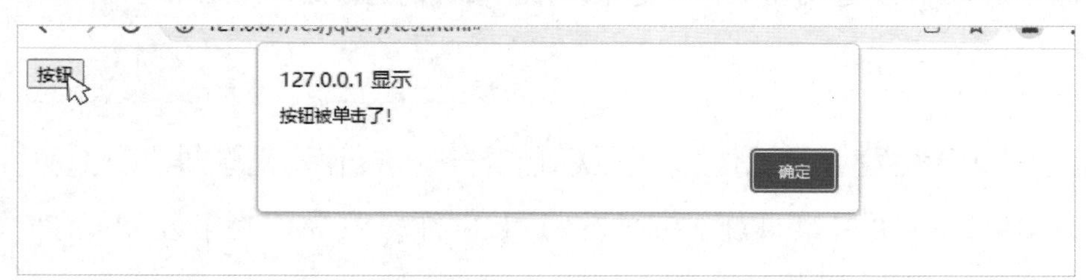


图 1-18　为按钮绑定鼠标单击事件的运行效果

### 6. focus()方法

当元素获得焦点时，触发 focus 事件。当选中元素或通过 Tab 键定位到元素上时，该元素就会获得焦点。使用 focus()方法触发 focus 事件，或规定当触发 focus 事件时运行的函数。当需要把光标定位到某个输入框中或当光标定位到某个输入框中需要产生某种效果时，就可以使用 focus()方法来实现。

**语法格式**

```
$("选择器"). focus(处理函数)
```

**示例**

```
<!DOCTYPE html>
<html>
  <head>
    <title>jQuery 案例</title>
    <meta charset="utf-8" />
    <script type="text/javascript" src="res/jquery/jquery-1.8.3.min.js">
</script>
    <script type="text/javascript">
     $(function(){
        $("input[type='button']").click(function(){
            $("input[type='text']").focus();
        });
     })
    </script>
  </head>
  <body>
```

```
    <input type="text"/>
    <input type="button" value="获得焦点"/>

  </body>
</html>
```

**代码讲解**

```
$("input[type='text']").focus();
```

触发输入框的焦点事件。

$("input[type='text']")：选定标签名为 input，type 为 text 的 HTML 元素。

focus()：触发焦点事件

**运行效果**

单击“获得焦点”按钮，旁边的输入框获得焦点，如图 1-19 所示。

图 1-19　输入框获得焦点

jQuery 常用事件如表 1-2 所示。

表 1-2　jQuery 常用事件

| 语法格式 | 说明 |
|---|---|
| $("选择器").click(函数) | 鼠标单击事件 |
| $("选择器").dbclick(函数) | 鼠标双击事件 |
| $("选择器").mousedown(函数) | 鼠标按下事件 |
| $("选择器").mouseup(函数) | 鼠标释放事件 |
| $("选择器").mousemove(函数) | 鼠标移动事件 |
| $("选择器").mouseover(函数) | 鼠标进入事件 |
| $("选择器").mouseout(函数) | 鼠标移出事件 |
| $("选择器").keypress(函数) | 敲击键盘事件 |
| $("选择器").keydown(函数) | 键盘按下事件 |
| $("选择器").keyup(函数) | 键盘松开事件 |
| $("选择器").blur(函数) | 失去焦点事件 |
| $("选择器").submit(函数) | 表单提交事件 |

注：除上述事件外，jQuery 事件还有很多，在此就不一一介绍了。

### 7. 事件对象

事件对象就是当触发一个事件后，对该事件的一些描述信息。例如，在触发鼠标单击事件时，单击了哪个位置，坐标是多少；在触发键盘按下事件时，按的哪个按键。每个事件都有一个对应的对象来描述这些信息，我们就把这个对象叫作事件对象。在为元素绑定事件时，在事件的 function(event)参数列表中添加一个参数，这个参数我们习惯称之为 event。这个 event 就是绑定的事件处理函数中传递的参数，即事件处理函数中的事件对象。

**示例**

```
<!DOCTYPE html>
<html>
  <head>
    <title>jQuery 案例</title>
    <meta charset="utf-8" />
    <script type="text/javascript" src="res/jquery/jquery-1.8.3.min.js">
</script>
    <script type="text/javascript">
     $(function(){
        $(window).keydown(function(event){
          alert(event.keyCode);
        });
     })
    </script>
  </head>
  <body>
  </body>
</html>
```

**代码讲解**

```
$(window).keydown(function(event){
    alert(event.keyCode);
});
```

绑定键盘按下事件，当键盘上有按键被按下时，通过事件对象获取键码。

$(window).keydown()：绑定键盘按下事件。

function(event){…}：设置键盘按下事件处理函数并传入事件对象。

event.keyCode：通过事件对象获取键码。

**运行效果**

按下键盘上的“A”键，弹出对应的键码“65”，如图 1-20 所示。

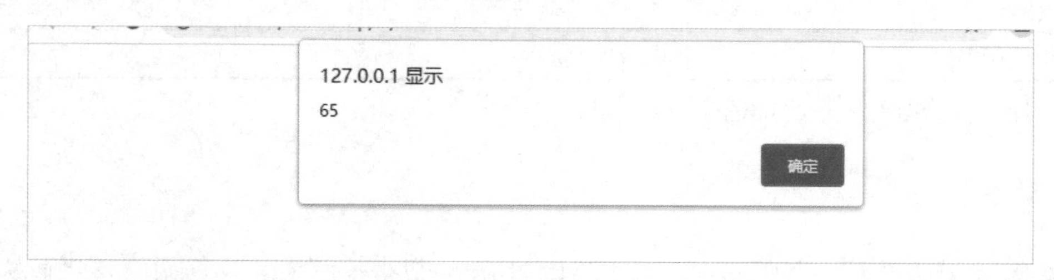


图 1-20　通过事件对象获取键码

事件对象的常用属性和方法如表 1-3 所示。

表 1-3　事件对象的常用属性和方法

| 语法格式 | 说明 |
| --- | --- |
| event.currentTarget | 在事件冒泡阶段内的当前 DOM 元素 |
| event.data | 包含当前执行的处理程序被绑定时传递到事件方法的可选数据 |
| event.pageX | 返回相对于文档左边缘的鼠标位置 |
| event.pageY | 返回相对于文档上边缘的鼠标位置 |
| event.preventDefault() | 阻止事件的默认行为 |
| event.stopPropagation() | 阻止事件向上冒泡到 DOM 树，阻止任何父处理程序被事件通知 |
| event.target | 返回哪个 DOM 元素触发事件 |
| event.timeStamp | 返回从 1970 年 1 月 1 日到事件被触发时的毫秒数 |
| event.type | 返回哪种事件类型被触发 |

### 8. 事件冒泡

事件冒泡是由微软提出的。事件冒泡可以形象地比喻为把一颗石头投入水中，泡泡会一直从水底冒出水面。也就是说，事件会从最内层的元素开始触发，一直向上传播，直到 document 对象。比如，当单击 p 标签时，click 事件的传递顺序应该是 p -> div -> body -> html -> document。注意，这里传递的仅仅是事件，并不传递所绑定的事件函数。所以，如果父级没有绑定事件函数，那么就算传递了事件也不会有什么表现，但事件确实传递了。

**示例**

```
<!DOCTYPE html>
<html>
  <head>
    <title>jQuery 案例</title>
    <meta charset="UTF-8" />
    <style type="text/css">
      div{
          width: 100px;
          height: 100px;
          text-align:center;
          position:absolute;
          left:50px;
          top:50px;
          background-color:red;
      }
      section{
          width: 200px;
          height: 200px;
          text-align:center;
```

```
            position: relative;
            background-color:blue;
            color:#fff;
          }
        </style>
        <script type="text/javascript" src="res/jquery/jquery-1.8.3.min.js">
</script>
        <script type="text/javascript">
          $(function(){
            $("div").click(function(){
                alert("单击了 div 标签");
            })
            $("section").click(function(){
                alert("单击了 section 标签");
            })
            $("body").click(function(){
                alert("单击了 body 标签");
            })
          })
        </script>
      </head>
      <body>
        <section>
            section 标签
            <div>div 标签</div>
        </section>
      </body>
    </html>
```

**代码讲解**

```
$("div").click(function(){
    alert("单击了 div 标签");
})
$("section").click(function(){
    alert("单击了 section 标签");
})
$("body").click(function(){
    alert("单击了 body 标签");
})
```

分别给 div 标签、section 标签和 body 标签添加鼠标单击事件和事件被触发后要执行的函数。

**运行效果**

单击中间红色区域中的 div 标签，如图 1-21 所示。

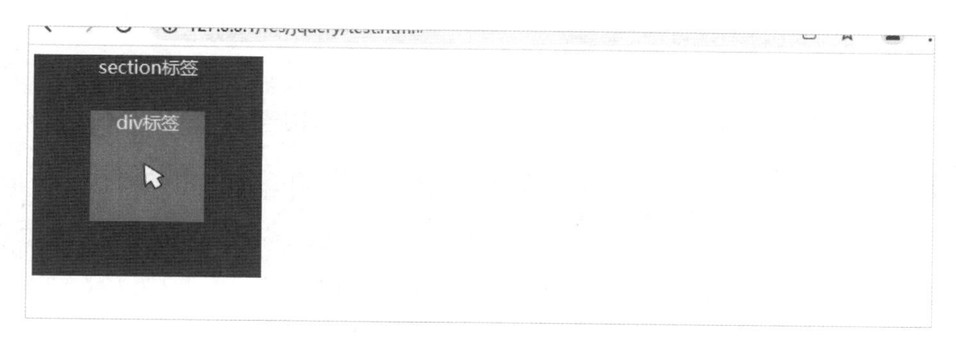


图 1-21　单击 div 标签

首先弹出来的是 div 标签的鼠标单击事件处理函数中显示的内容，如图 1-22 所示。

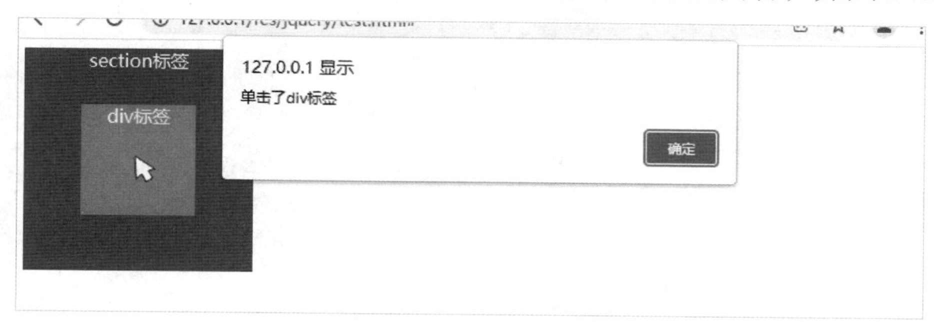


图 1-22　弹出 div 标签的鼠标单击事件处理函数中显示的内容

其次弹出来的是 section 标签的鼠标单击事件处理函数中显示的内容，如图 1-23 所示。

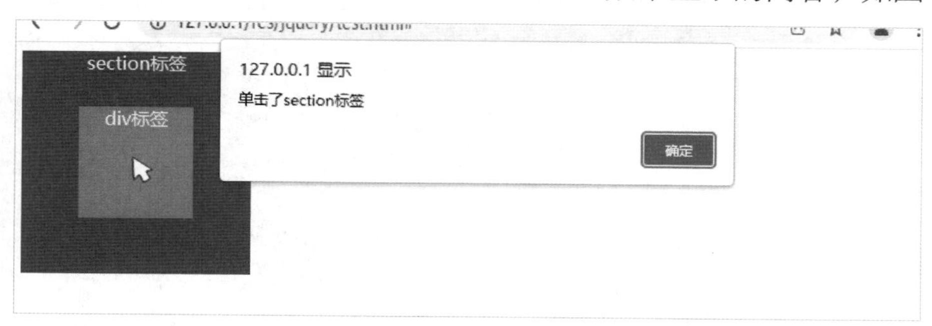


图 1-23　弹出 section 标签的鼠标单击事件处理函数中显示的内容

最后弹出来的是 body 标签的鼠标单击事件处理函数中显示的内容，如图 1-24 所示。

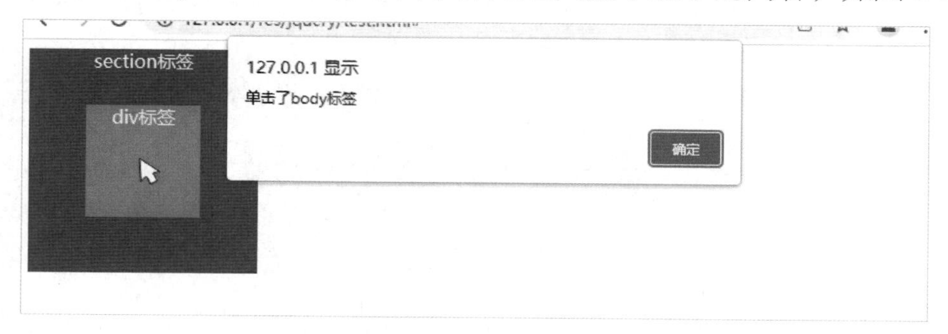


图 1-24　弹出 body 标签的鼠标单击事件处理函数中显示的内容

### 9. 阻止事件冒泡

在平时的网页制作过程中，肯定会遇到在一个 div（可以是元素）中包裹另一个 div 的情况，当在这两个 div 上都添加了事件时，如果希望处理里面的 div 的事件，而不希望外层的 div 的事件也执行，则需要用到阻止事件冒泡。

阻止事件冒泡的方法有两种，即在事件处理函数的最后加上“event.stopPropagation();”或“return false;”。

**示例**

```
<!DOCTYPE html>
<html>
  <head>
    <title>jQuery 案例</title>
    <meta charset="UTF-8" />
    <style type="text/css">
      div{
          width: 100px;
          height: 100px;
          text-align:center;
          position:absolute;
          left:50px;
          top:50px;
          background-color:red;
      }
      section{
          width: 200px;
          height: 200px;
          text-align:center;
          position: relative;
          background-color:blue;
          color:#fff;
      }
    </style>
    <script type="text/javascript" src="res/jquery/jquery-1.8.3.min.js">
</script>
    <script type="text/javascript">
      $(function(){
          $("div").click(function(event){
              alert("单击了 div 标签");
              event.stopPropagation();
              //return false;
```

```
        })
        $("section").click(function(event){
            alert("单击了 section 标签");
            event.stopPropagation();
            //return false;
        })
        $("body").click(function(event){
            alert("单击了 body 标签");
            event.stopPropagation();
            //return false;
        })
      })
    </script>
  </head>
  <body>
    <section>
        section 标签
        <div>div 标签</div>
    </section>
  </body>
</html>
```

**代码讲解**

```
$("div").click(function(event){
    alert("单击了 div 标签");
    event.stopPropagation();
    //return false;
})
$("section").click(function(event){
    alert("单击了 section 标签");
    event.stopPropagation();
    //return false;
})
$("body").click(function(event){
    alert("单击了 body 标签");
    event.stopPropagation();
    //return false;
})
```

通过“event.stopPropagation()”或“return false”阻止事件冒泡。

**运行效果**

单击中间的 div 标签，如图 1-25 所示。

图 1-25　单击中间的 div 标签

只弹出 div 标签的鼠标单击事件处理函数中显示的内容，如图 1-26 所示。

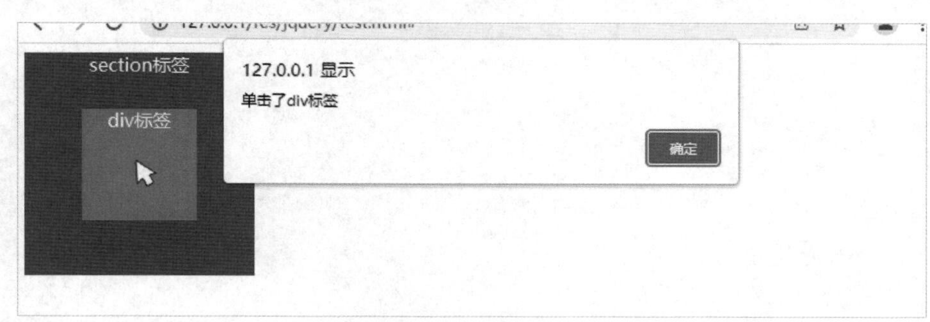


图 1-26　只弹出 div 标签的鼠标单击事件处理函数中显示的内容

## 【知识链接】标签样式

通过 JavaScript 获取 DOM 元素上的 style 属性，可以动态地给元素赋予样式属性。在 jQuery 中，要想动态地修改 style 属性，可以使用 css()方法实现。

使用 css()方法设置或返回被选定元素的一个或多个样式属性。当需要设置或获得标签的某些样式值时，可以使用这个方法。

**语法格式**

（1）设置样式属性。

```
$("选择器").css("样式名","样式值")
```

（2）获得样式属性。

```
$("选择器").css("样式名")
```

**示例**

```
<!DOCTYPE html>
<html>
  <head>
    <title>jQuery 案例</title>
    <meta charset="utf-8" />
    <script type="text/javascript" src="res/jquery/jquery-1.8.3.min.js">
</script>
```

```
    <script type="text/javascript">
      function setStyle(){
         $("div").css("width","300px");
         $("div").css("height","200px");
         $("div").css("background-color","#FF0000");
         $("div").css("color","#FFFFFF");
      }
      function getStyle(){
         var w = $("div").css("width");
         var h = $("div").css("height");
         var bg = $("div").css("background-color");
         var c = $("div").css("color");
         alert("宽："+w+"，高："+h+"，背景："+bg+"，颜色："+c);
      }
    </script>
  </head>
  <body>

    <input type="button" value="设置样式" onclick="setStyle()" />
    <input type="button" value="获得样式" onclick="getStyle()" />

    <br/><br/>

    <div>jQuery 框架 CSS 方法</div>

  </body>
</html>
```

**代码讲解**

1. 设置样式属性

```
$("div").css("width","300px");
$("div").css("height","200px");
$("div").css("background-color","#FF0000");
$("div").css("color","#FFFFFF");
```

设置 div 标签的样式属性。

$("div").css("width","300px")：设置 div 标签的宽度为 300 像素。

$("div").css("height","200px")：设置 div 标签的高度为 200 像素。

$("div").css("background-color","#FF0000")：设置 div 标签的背景颜色为#FF0000。

$("div").css("color","#FFFFFF")：设置 div 标签的文字颜色为#FFFFFF。

2. 获得样式属性

```
var w = $("div").css("width");
```

```
var h = $("div").css("height");
var bg = $("div").css("background-color");
var c = $("div").css("color");
```

获得 div 标签的样式属性。

$("div").css("width")：获得 div 标签的 width 样式值。

$("div").css("height")：获得 div 标签的 height 样式值。

$("div").css("background-color")：获得 div 标签的 background-color 样式值。

$("div").css("color")：获得 div 标签的 color 样式值。

**运行效果**

单击“设置样式”按钮，设置 div 标签的宽度、高度、背景颜色、文字颜色这 4 个 CSS 属性值，如图 1-27 所示。

图 1-27 设置 CSS 属性值

单击“获得样式”按钮，弹出提示框，显示 div 标签当前的宽度、高度、背景颜色、文字颜色这 4 个 CSS 属性值，如图 1-28 所示。

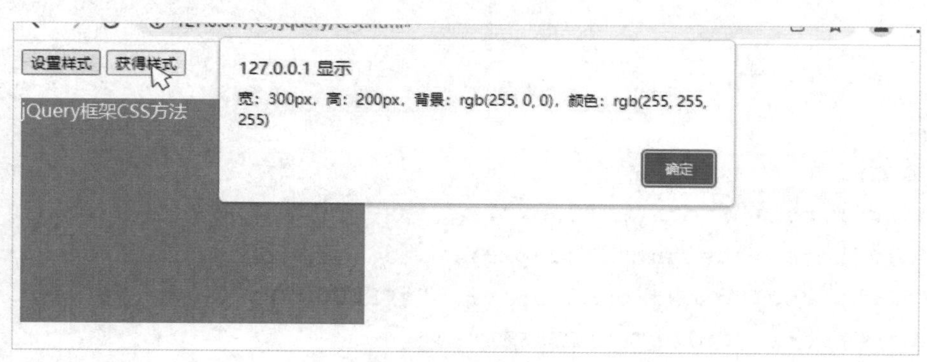


图 1-28 获得 CSS 属性值

在 jQuery 中，通过 css()方法可以同时设置 HTML 元素的多个样式属性。

**语法格式**

```
$("选择器").css({"样式名":"样式值","样式名":"样式值"…})
```

**示例**

```
<!DOCTYPE html>
```

```
<html>
  <head>
    <title>jQuery 案例</title>
    <meta charset="utf-8" />
    <script type="text/javascript" src="res/jquery/jquery-1.8.3.min.js">
</script>
    <script type="text/javascript">
      function setStyle(){
          $("div").css({
              "width":"300px",
              "height":"200px",
              "line-height":"200px",
              "background-color":"#FF0000",
              "color":"#FFFFFF",
              "font-weight":"bold",
              "text-align":"center",
              "border-radius":"10px"
          });
      }
    </script>
  </head>
  <body>

    <input type="button" value="设置样式" onclick="setStyle()" />

    <br/><br/>

    <div>jQuery 框架 CSS 方法</div>

  </body>
</html>
```

**代码讲解**

```
$("div").css({
    "width":"300px",
    "height":"200px",
    "line-height":"200px",
    "background-color":"#FF0000",
    "color":"#FFFFFF",
    "font-weight":"bold",
    "text-align":"center",
```

```
        "border-radius":"10px"
    });
```

同时设置 div 标签的多个样式属性。

**运行效果**

单击“设置样式”按钮，同时设置 div 标签的多个 CSS 属性值，如图 1-29 所示。

图 1-29　同时设置 div 标签的多个 CSS 属性值

## 【知识链接】标签尺寸

jQuery 提供了 3 组方法专门用于设置或获得 HTML 元素的宽高样式属性。

### 1. width()方法

使用 width()方法设置或返回元素的宽度（不包括内边距、边框或外边距）。

**语法格式**

（1）获得宽度样式属性。

```
$("选择器").width()
```

（2）设置宽度样式属性。

```
$("选择器").width(宽度值)
```

### 2. height()方法

使用 height()方法设置或返回元素的高度（不包括内边距、边框或外边距）。

**语法格式**

（1）获得高度样式属性。

```
$("选择器").height()
```

（2）设置高度样式属性。

```
$("选择器").height(高度值)
```

**示例**

```
<!DOCTYPE html>
<html>
```

```
<head>
    <title>jQuery 案例</title>
    <meta charset="utf-8" />
    <style type="text/css">
      div{
          background-color:#FF0000;
          color:#FFFFFF;
          text-align:center;
          font-weight:bold;
          border-radius:10px;
      }
    </style>
    <script type="text/javascript" src="res/jquery/jquery-1.8.3.min.js">
</script>
    <script type="text/javascript">
      function getSize(){
          var w = $("div").width();
          var h = $("div").height();
          alert("宽度: "+w+", 高度: "+h);
      }
      function setSize(){
          $("div").width(200);
          $("div").height(150);
      }
    </script>
  </head>
  <body>

    <input type="button" value="获得宽高" onclick="getSize()" />
    <input type="button" value="设置宽高" onclick="setSize()" />

    <br/><br/>

    <div>标签尺寸</div>

  </body>
</html>
```

**代码讲解**

1. 获得宽高样式属性

```
    var w = $("div").width();
    var h = $("div").height();
```

```
    获得 div 标签的宽高样式属性。
    $("div").width(): 获得 div 标签的宽度样式属性。
    $("div").height(): 获得 div 标签的高度样式属性。

2. 设置宽高样式属性
    $("div").width(200);
    $("div").height(150);
    设置 div 标签的宽高样式属性。
    $("div").width(200): 设置 div 标签的宽度样式属性为 200 像素。
    $("div").height(150): 设置 div 标签的高度样式属性为 150 像素。
```

**运行效果**

单击“设置宽高”按钮，设置 div 标签的宽度和高度分别为 200 像素、150 像素，如图 1-30 所示。

图 1-30　设置 div 标签的宽度和高度

单击“获得宽高”按钮，弹出提示框，显示 div 标签当前的宽度和高度，如图 1-31 所示。

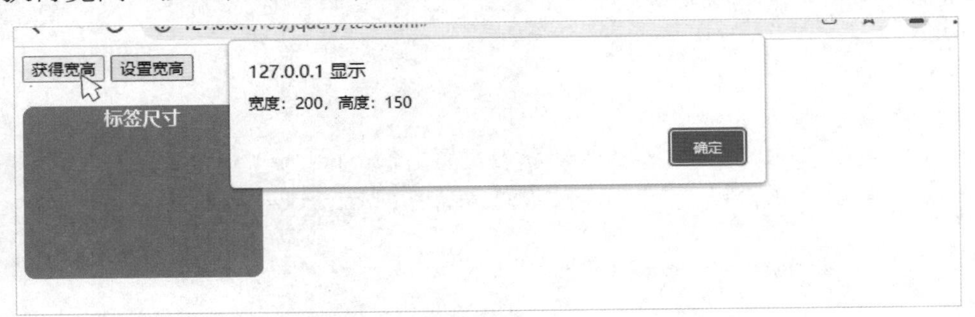


图 1-31　获得 div 标签的宽度和高度

### 3. innerWidth()方法

获得第一个匹配元素内部区域宽度（包括内边距，不包括边框）。此方法对可见元素和隐藏元素均有效。

**语法格式**

```
$("选择器").innerWidth()
```

### 4. innerHeight()方法

获得第一个匹配元素内部区域高度（包括内边距，不包括边框）。此方法对可见元素和隐藏元素均有效。

**语法格式**

```
$("选择器").innerHeight()
```

**示例**

```
<!DOCTYPE html>
<html>
 <head>
   <title>jQuery 案例</title>
   <meta charset="utf-8" />
   <style type="text/css">
     div{
        background-color:#FF0000;
        color:#FFFFFF;
        text-align:center;
        font-weight:bold;
        border-radius:10px;
        width: 200px;
        padding: 30px;
        height: 150px;
     }
   </style>
   <script type="text/javascript" src="res/jquery/jquery-1.8.3.min.js">
</script>
   <script type="text/javascript">
      function getSize(){
         var iw = $("div").innerWidth();
         var ih = $("div").innerHeight();
         alert("内部区域宽为"+iw+",内部区域高为"+ih);
      }
   </script>
 </head>
 <body>
   <input type="button" value="内部区域宽高" onclick="getSize()" />
   <br/><br/>

   <div>标签尺寸</div>

 </body>
```

```
</html>
```

**代码讲解**

```
var iw = $("div").innerWidth();
var ih = $("div").innerHeight();
```

获得 div 标签内部区域宽高样式属性。

var iw = $("div").innerWidth()：获得 div 标签内部区域宽度样式属性。

var ih = $("div").innerHeight()：获得 div 标签内部区域高度样式属性。

**运行效果**

单击“内部区域宽高”按钮，弹出提示框，显示 div 标签内部区域宽高，如图 1-32 所示。

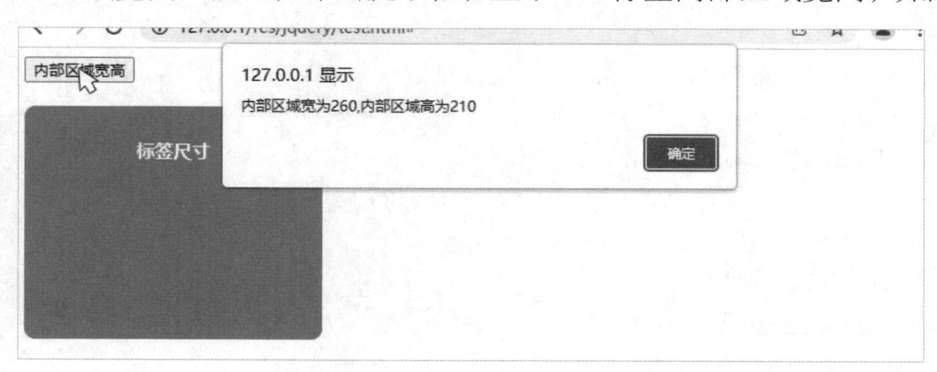


图 1-32　获得 div 标签内部区域宽高

### 5. outerWidth()方法

获得第一个匹配元素外部区域宽度（默认包括内边距和边框）。此方法对可见元素和隐藏元素均有效。

**语法格式**

（1）获得元素外部区域宽度（包括内边距和边框）。

```
$("选择器").outerWidth()
$("选择器").outerWidth(false)
```

（2）获得元素外部区域宽度（包括内边距、边框和外边距）。

```
$("选择器").outerWidth(true)
```

### 6. outerHeight()方法

获得第一个匹配元素外部区域高度（默认包括内边距和边框）。此方法对可见元素和隐藏元素均有效。

**语法格式**

（1）获得元素外部区域高度（包括内边距和边框）。

```
$("选择器").outerHeight()
$("选择器").outerHeight(false)
```

（2）获得元素外部区域高度（包括内边距、边框和外边距）。

```
$("选择器"). outerHeight(true)
```

**示例**

```
<!DOCTYPE html>
<html>
  <head>
    <title>jQuery 案例</title>
    <meta charset="utf-8" />
    <style type="text/css">
      div{
          background-color:#FF0000;
          color:#FFFFFF;
          text-align:center;
          font-weight:bold;
          border-radius:10px;

          border: 10px solid blue;
          margin: 10px;
          padding: 30px;
          width: 200px;
          height: 150px;
      }
    </style>
    <script type="text/javascript" src="res/jquery/jquery-1.8.3.min.js">
</script>
    <script type="text/javascript">
        function getSizePart(){
            var ow = $("div").outerWidth();
            var oh = $("div").outerHeight();
            alert("外部区域宽为"+ow+",外部区域高为"+oh);
        }
        function getSizeAll(){
            var ow = $("div").outerWidth(true);
            var oh = $("div").outerHeight(true);
            alert("外部区域宽为"+ow+",外部区域高为"+oh);
        }
    </script>
  </head>
  <body>
    <input type="button" value="外部区域宽高(无外边距)" onclick="getSizePart()" />
    <input type="button" value="外部区域宽高(含外边距)" onclick="getSizeAll()" />
```

```
    <br/><br/>

    <div>标签尺寸</div>

  </body>
</html>
```

**代码讲解**

1．获得元素外部区域宽高样式属性（不包含外边距）

```
var ow = $("div").outerWidth();
var oh = $("div").outerHeight();
```

获得 div 标签外部区域宽高样式属性，不包含 div 标签的外边距。

var ow = $("div").outerWidth()：获得 div 标签外部区域宽度样式属性，不包含 div 标签的外边距的宽度。

var oh = $("div").outerHeight()：获得 div 标签外部区域高度样式属性，不包含 div 标签的外边距的高度。

2．获得元素外部区域宽高样式属性（包含外边距）

```
var ow = $("div").outerWidth(true);
var oh = $("div").outerHeight(true);
```

获得 div 标签外部区域宽高样式属性，包含 div 标签的外边距。

var ow = $("div").outerWidth(true)：获得 div 标签外部区域宽度样式属性，包含 div 标签的外边距的宽度。

var oh = $("div").outerHeight(true)：获得 div 标签外部区域高度样式属性，包含 div 标签的外边距的高度。

**运行效果**

单击“外部区域宽高（无外边距）”按钮，弹出提示框，显示 div 标签本身加上边框和内边距的宽高样式属性，如图 1-33 所示。

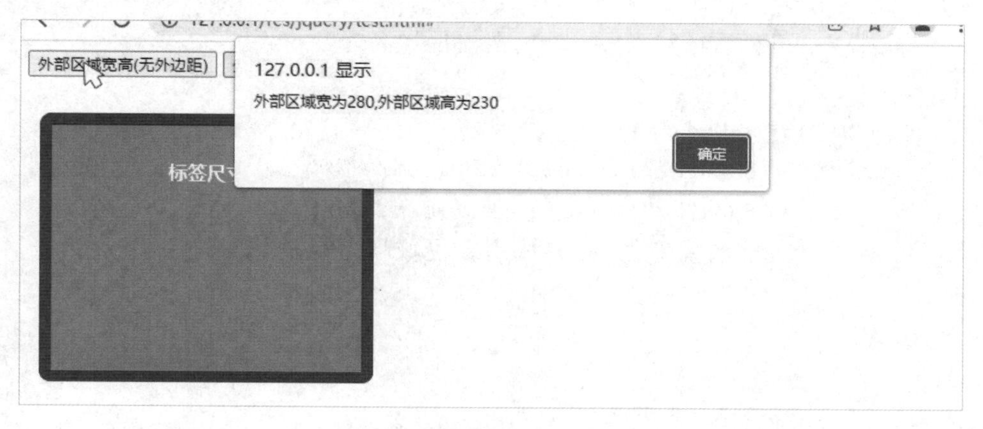


图 1-33　获得 div 标签外部区域宽高（不包含外边距）

单击“外部区域宽高（含外边距）”按钮，弹出提示框，显示 div 标签本身加上边框、内边距和外边距的宽高样式属性，如图 1-34 所示。

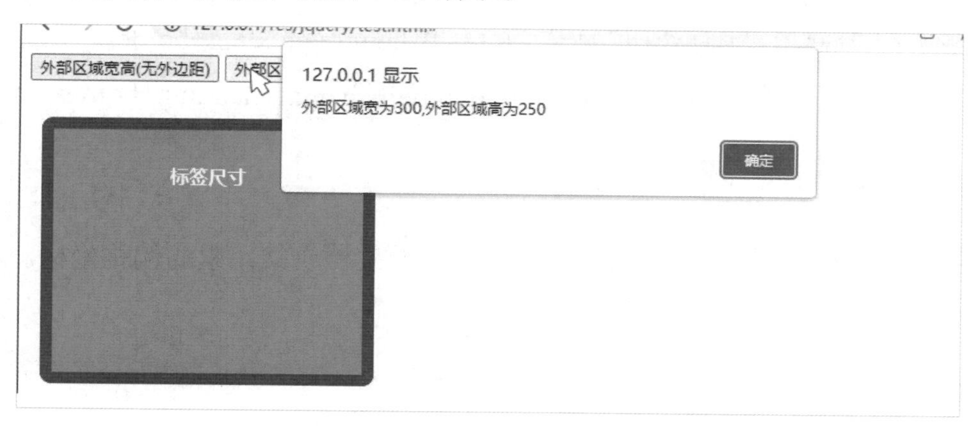


图 1-34　获得 div 标签外部区域宽高（包含外边距）

### 7. 3 组获得元素宽高样式属性的方法的区别

在 jQuery 中，获得元素高度的方法有 3 个，分别是 height()、innerHeight()、outerHeight()（或 outerHeight(true)）。与此相对应的是，获得元素宽度的方法也有 3 个，分别是 width()、innerWidth()、outerWidth()（或 outerWidth(true)）。以获得元素高度的方法为例，说明这 3 组方法的区别，如图 1-35 所示。

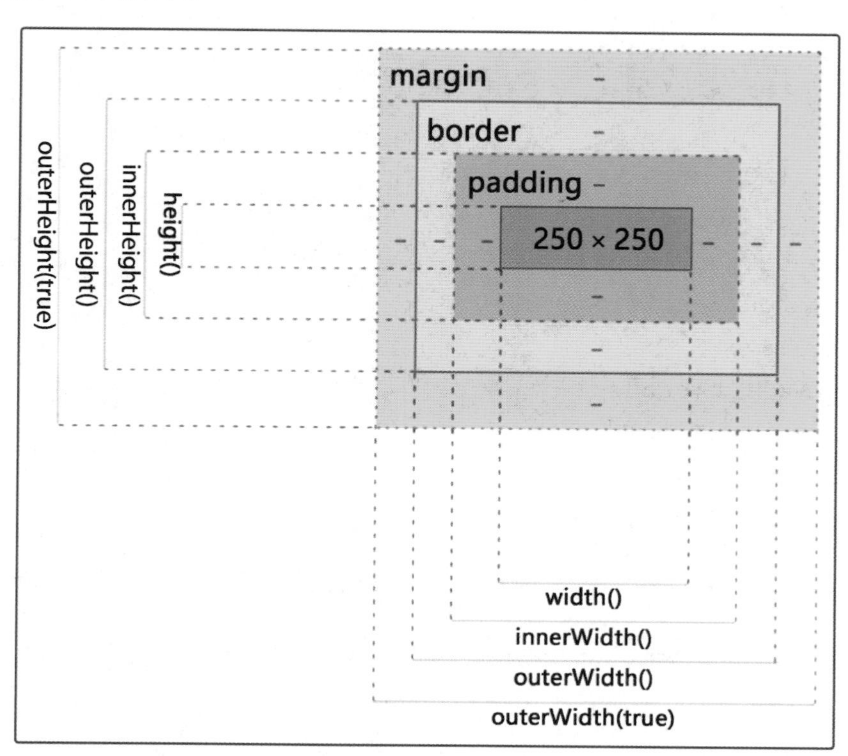


图 1-35　3 组获得元素宽高样式属性的方法的区别

height()：其高度范围是所匹配元素本身的高度 height。

innerHeight()：其高度范围是所匹配元素的高度 height+padding。

outerHeight()：其高度范围是所匹配元素的高度 height+padding+border。

outerHeight(true)：其高度范围是所匹配元素的高度 height+padding+border+margin。

### 【知识链接】偏移坐标

在制作网页时，有时需要获取 HTML 元素相对于文档或父元素的偏移坐标。对于这种情况，jQuery 提供了两个方法。

#### 1. offset()方法

offset()方法用于获取 HTML 元素相对于文档的偏移坐标。

**语法格式**

```
$("选择器").offset()
```

**示例**

```
<!DOCTYPE html>
<html>
  <head>
    <title>jQuery 案例</title>
    <meta charset="utf-8" />
    <style type="text/css">
      div{
          width:200px;
          height:150px;
          line-height:150px;
          background-color:#FF0000;
          color:#FFFFFF;
          text-align:center;
          font-weight:bold;
          border-radius:10px;
          margin:100px 200px;
      }
    </style>
    <script type="text/javascript" src="res/jquery/jquery-1.8.3.min.js">
</script>
    <script type="text/javascript">
      function getPos(){
          var left = $("div").offset().left;
```

```
        var top = $("div").offset().top;
        alert("left="+left+", top="+top);
      }
    </script>
  </head>
  <body>

    <input type="button" value="获得偏移坐标" onclick="getPos()" />

    <br/><br/>

    <div>jQuery 框架</div>

  </body>
</html>
```

**代码讲解**

```
var left = $("div").offset().left;
var top = $("div").offset().top;
```

获得 div 标签相对于文档的偏移坐标。

$("div").offset().left：获得 div 标签相对于文档的 left 偏移坐标。

$("div").offset().top：获得 div 标签相对于文档的 top 偏移坐标。

**运行效果**

单击“获得偏移坐标”按钮，弹出提示框，显示 div 标签相对于文档的偏移坐标，如图 1-36 所示。

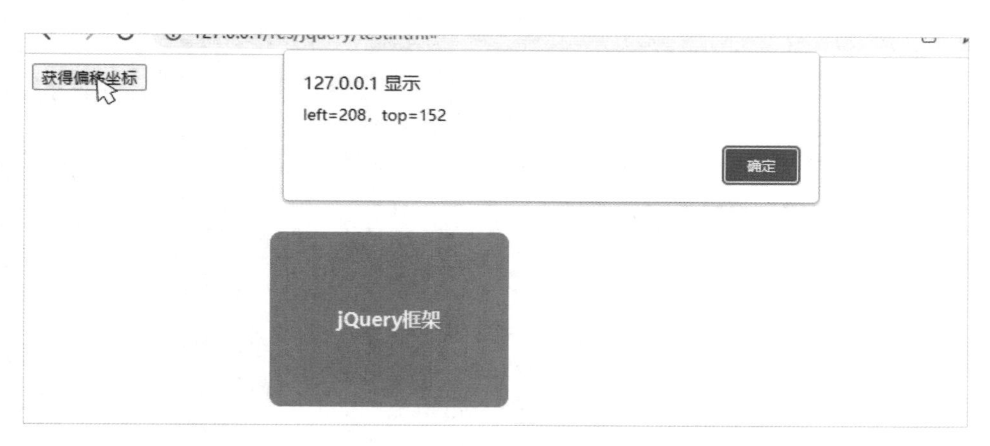


图 1-36　获得 div 标签相对于文档的偏移坐标

2. position()方法

position()方法用于获取匹配元素相对于父元素的偏移坐标。返回的对象包含两个整型属性：top 和 left。此方法只对可见元素有效。

**语法格式**

```
$("选择器").position()
```

**示例**

```
<!DOCTYPE html>
<html>
  <head>
    <title>jQuery 案例</title>
    <meta charset="utf-8" />
    <style type="text/css">
        .main{
            width:250px;
            height:250px;
            background-color:blue;
            position:relative;
        }
        .body{
            width:200px;
            height:150px;
            line-height:150px;
            background-color:red;
            color:#FFFFFF;
            text-align:center;
            font-weight:bold;
            position:relative;
            left:10px;
            top:10px;
          }
    </style>
    <script type="text/javascript" src="res/jquery/jquery-1.8.3.min.js">
</script>
    <script type="text/javascript">
      function getPos(){
          var left = $(".body").position().left;
          var top = $(".body").position().top;
          alert("left="+left+", top="+top);
      }
    </script>
  </head>
  <body>

    <input type="button" value="获得偏移坐标" onclick="getPos()" />
```

```
    <br/><br/>
    <div class="main"><div class="body">jQuery 框架</div></div>
  </body>
</html>
```

**代码讲解**

```
var left = $(".body").position().left;
var top = $(".body").position().top;
```

获得 class 值为 body 的 div 标签相对于父元素的偏移坐标。

$(".body").position().left:获得 class 值为 body 的 div 标签相对于父元素的 left 偏移坐标。

$(".body").position().top：获得 class 值为 body 的 div 标签相对于父元素的 top 偏移坐标。

**运行效果**

单击"获得偏移坐标"按钮，弹出提示框，显示 div 标签相对于父元素的偏移坐标，如图 1-37 所示。

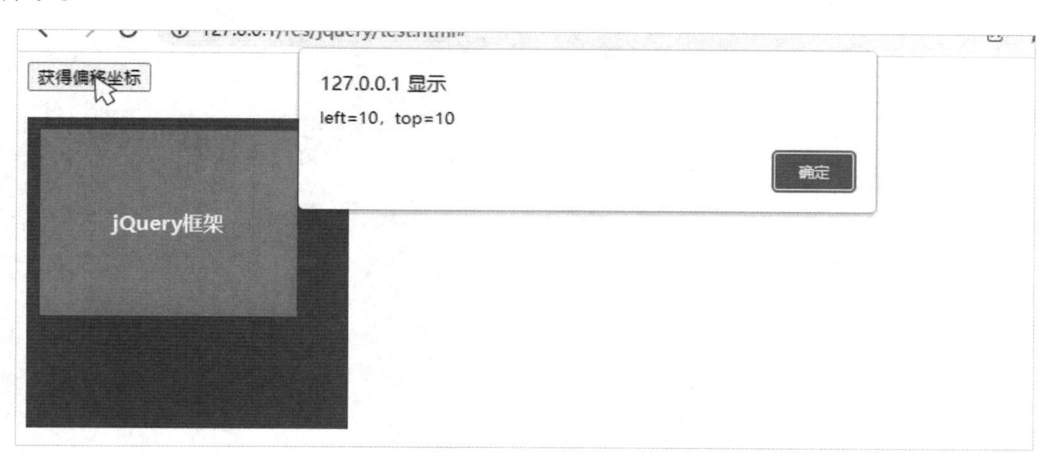


图 1-37　获得 div 标签相对于父元素的偏移坐标

制作页面交互效果需要使用 jQuery 中的 css()方法设置标签的显示、隐藏、宽度、背景等，如下面的示例。

**示例**

```
<!DOCTYPE html>
<html>
  <head>
    <title>jQuery 案例</title>
    <meta charset="utf-8" />
    <style type="text/css">
     html,body{
       width:100%;
```

```
    height:100%;
    margin:0px;
    overflow:hidden;
  }
  .image_list{
    text-align:center;
    margin-top:10%;
  }
  .image_list img{
    width:300px;
    opacity:0.7;
  }
  .image_list img:hover{
    opacity:1;
  }
  #bg{
    position:absolute;
    top:0px;
    left:0px;

    background-color:#000000;
    width:100%;
    height:100%;

    background-repeat:no-repeat;
    background-position:center;
    background-size:80% auto;

    display:none;
  }
  .close_btn{
    position:absolute;
    top:30px;
    right:30px;
    cursor:pointer;

    display:none;
  }
</style>
<script type="text/javascript" src="res/jquery/jquery-1.8.3.min.js">
```

```
</script>
    <script type="text/javascript">
      $(function(){
        $(".image_list img").click(function(){
          $("#bg").css("background-image","url('"+this.src+"')");
          $("#bg").css("display","block");
          $(".close_btn").css("display","block");
        });

        $(".close_btn").click(function(){
          $("#bg").css("display","none");
          $(".close_btn").css("display","none");
        });
      });
    </script>
  </head>
  <body>

    <!-- 图片列表 -->
    <div class="image_list">
      <img src="res/jquery/images/131.jpg" title="单击查看大图" />
      <img src="res/jquery/images/132.jpg" title="单击查看大图" /><br/>
      <img src="res/jquery/images/133.jpg" title="单击查看大图" />
      <img src="res/jquery/images/134.jpg" title="单击查看大图" />
    </div>

    <!-- 黑色大背景 -->
    <div id="bg"></div>
    <!-- 关闭按钮 -->
    <img class="close_btn" src="res/jquery/images/close_btn.png" title="
关闭" />

  </body>
</html>
```

**代码讲解**

1. 添加页面载入事件

```
$(function(){
…
})
```

添加页面载入事件，在页面加载完成后，执行加载方法中的代码。

2. 添加鼠标单击事件

```
$(".image_list img").click(function(){
  …
})
```

分别为图片列表中的每张图片添加鼠标单击事件，当单击图片时，执行单击方法中的代码。

```
$(".close_btn").click(function(){
  …
})
```

为关闭按钮添加鼠标单击事件，当单击关闭按钮时，执行单击方法中的代码。

3. 使用 css()方法设置图片的样式

```
$("#bg").css("background-image","url('"+this.src+"')");
$("#bg").css("display","block");
$(".close_btn").css("display","block");
$("#bg").css("display","none");
$(".close_btn").css("display","none");
```

当触发鼠标单击事件时，通过 css()方法设置对应的样式。

### 运行效果

上述代码的运行效果如图 1-38 和图 1-39 所示。

图 1-38 操作标签样式案例运行效果 1

图 1-39　操作标签样式案例运行效果 2

## 扩展练习

运用学到的知识，完成以下拓展任务。

拓展 1：标签变形记

运行效果如图 1-40 所示。

图 1-40　标签变形记示例运行效果

**要求：**

（1）参考示例运行效果，制作 HTML 显示页面。

（2）利用 jQuery 实现页面交互功能。

① 添加页面载入事件。

② 给 id 属性值为 circleBtn 的按钮添加鼠标单击事件，使页面中的 div 标签呈现圆形显示效果。

③ 给 id 属性值为 squareBtn 的按钮添加鼠标单击事件，使页面中的 div 标签呈现方形显示效果。

**在线做题：**

打开浏览器并输入指定地址，在线完成本道练习题。

实训链接：http://www.hxedu.com.cn/Resource/OS/AR/zz/zxy/202103636/6.html

实训码：40c0fb68

### 拓展 2：鼠标跟随

运行效果如图 1-41 所示。

图 1-41　鼠标跟随示例运行效果

**要求：**

（1）参考示例运行效果，制作 HTML 显示页面。

（2）利用 jQuery 实现页面交互功能。

① 添加页面载入事件。

② 给 class 属性值为 small 的标签添加鼠标移动事件。

③ 通过鼠标事件对象，获得当前鼠标坐标信息。

④ 控制 id 属性值为 move 的标签的显示位置，实现鼠标跟随效果。

**提示：**

在 jQuery 中，通过以下代码可以获得鼠标坐标信息。

```
var x = event.pageX;
var y = event.pageY;
```

注：event 为鼠标事件对象。

**在线做题：**

打开浏览器并输入指定地址，在线完成本道练习题。

实训链接：http://www.hxedu.com.cn/Resource/OS/AR/zz/zxy/202103636/6.html

实训码：22275d93

### 拓展 3：抽奖大转盘

运行效果如图 1-42 所示。

图 1-42　抽奖大转盘示例运行效果

**要求：**

（1）参考示例运行效果，制作 HTML 显示页面。

（2）利用 jQuery 实现页面交互功能。

① 添加页面载入事件。

② 给 id 属性值为 pointer 的图片添加鼠标单击事件，调用 rotate()自定义函数，实现抽奖功能。

（3）自定义 rotate()函数。

① 控制 id 属性值为 disk 的转盘图片旋转。

② 让转盘顺时针旋转，每次旋转 5 个角度。

③ 通过 JavaScript 定时器，每隔 10 毫秒调用一次该函数，实现转盘旋转效果。

④ 当转盘旋转角度大于 720 度时，停止旋转，并控制转盘的旋转角度为 0～360 度之间的随机值，作为最终抽奖结果。

**在线做题：**

打开浏览器并输入指定地址，在线完成本道练习题。

---

实训链接：http://www.hxedu.com.cn/Resource/OS/AR/zz/zxy/202103636/6.html

实训码：bd699163

---

### 拓展 4：进度条特效

运行效果如图 1-43 所示。

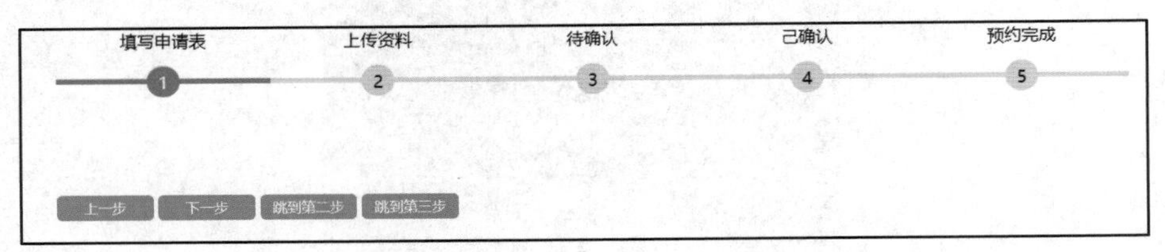


图 1-43　进度条特效示例运行效果

**要求：**

（1）参考示例运行效果，制作 HTML 显示页面。

（2）定义 step 变量，默认等于 1，用于控制进度条进度。

（3）自定义 setStyle()函数。

① 设置 class 属性值为 greenBar 的标签的宽度，宽度值为 step*20 的百分比宽度。

② 设置页面中数字的显示样式。例如，当 step=3 时，1、2、3 三个数字的样式：背景颜色为#64BD2E、文字颜色为#FFFFFF；4、5 两个数字的样式：背景颜色为#DAD9D9，文字颜色为#000000。

（4）利用 jQuery 实现页面交互功能。

① 添加页面载入事件，并调用 setStyle()函数，实现初始效果。

② 给 id 属性值为 btn1 的按钮添加鼠标单击事件，控制 step 变量值减 1，但不得小于 1，并调用 setStyle()函数，更改进度条进度。

③ 给 id 属性值为 btn2 的按钮添加鼠标单击事件，控制 step 变量值加 1，但不得大于 5，并调用 setStyle()函数，更改进度条进度。

④ 给 id 属性值为 btn3 的按钮添加鼠标单击事件，控制 step 变量值等于 2，并调用 setStyle()函数，更改进度条进度。

⑤ 给 id 属性值为 btn4 的按钮添加鼠标单击事件，控制 step 变量值等于 3，并调用 setStyle()函数，更改进度条进度。

**在线做题：**

打开浏览器并输入指定地址，在线完成本道练习题。

实训链接：http://www.hxedu.com.cn/Resource/OS/AR/zz/zxy/202103636/6.html

实训码：8e0dd27e

## 测验评价

### 1. 评价标准（见表 1-4）

表 1-4　评价标准

| 采分点 | 教师评分（0～5 分） | 自评（0～5 分） | 互评（0～5 分） |
| --- | --- | --- | --- |
| 1. 掌握 jQuery 中选择器的使用，能够正确使用选择器。<br>2. 掌握 jQuery 中事件的使用，并能够使用正确的选择器给元素绑定事件。<br>3. 掌握 jQuery 中 css()方法的使用。<br>4. 掌握 jQuery 中页面载入事件的使用。<br>5. 掌握并能应用多种事件、给标签设置不同的样式 | | | |

### 2. 在线测评

打开浏览器并输入指定地址，在线完成测评。

# 模块 2 操作网页元素属性

## 情景导入

操作网页元素属性在网站开发中是非常常见的功能模块。当用户打开网站且页面内容加载完成之后，显示的内容会从屏幕左右两端移动到屏幕中间；或使用鼠标单击页面中的小图片，被单击的小图片会逐渐放大并占满大半个屏幕；或滚动鼠标滚轮让页面内容向上滑动，然后显示出下一屏内容；或控制视频的播放、暂停、快进、快退等，如本书中小型网站案例的第二屏，如图 2-1 和图 2-2 所示。这些网页特效都可以通过使用 jQuery 配合 CSS 实现。

图 2-1　网页视频

图 2-2　视频控制

## 任务分析

操作网页元素属性的实现，通常需要在网页中添加 jQuery 库。jQuery 库中提供了丰富的方法便于应用。在小型网站案例中，使用 jQuery 页面载入事件设置网页内容的入场特效；使用 jQuery 给视频播放按钮添加触发事件；使用 jQuery 给关闭按钮添加鼠标单击事件，单击关闭按钮，视频关闭。通过使用 jQuery 操作 HTML 元素的属性来实现本书中小型网站案例的第二屏效果。实现操作网页元素属性模块的思维导图如图 2-3 所示。

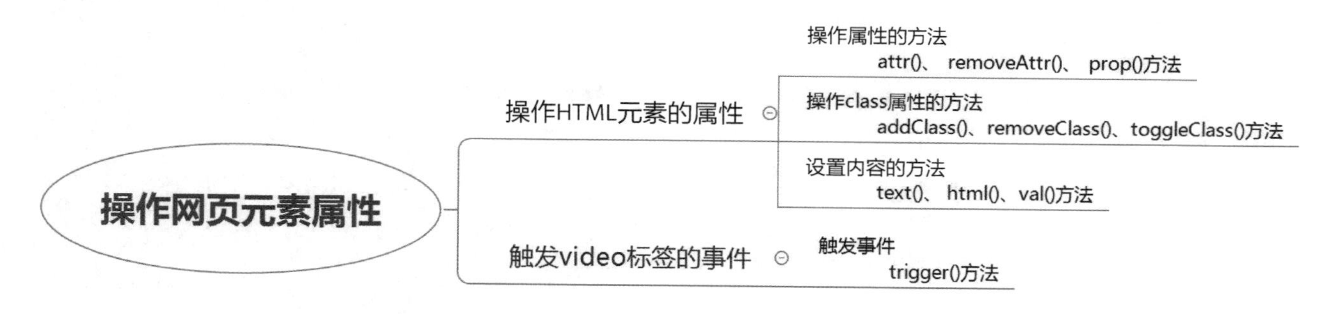


图 2-3　实现操作网页元素属性模块的思维导图

操作网页元素属性模块在整体的实现上可以划分为以下两个步骤。

- 操作 HTML 元素的属性。
- 触发 video 标签的事件。

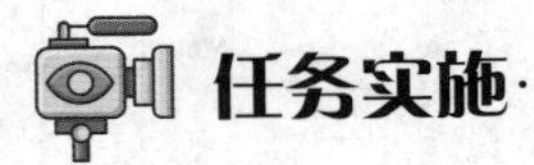

## 任务实施

### 步骤 1：操作 HTML 元素的属性

在制作网页时，如果需要对元素的属性进行修改或查询，就要用到 jQuery 提供的方法。

**【知识链接】操作属性的方法**

jQuery 为我们提供了若干个方法用于对 HTML 元素的属性值进行获取、修改、删除等操作。

#### 1. attr()方法

attr()方法用于获得或设置 HTML 元素的属性值。当我们要进行类似改变图片路径这样的操作时，就需要用到这个方法。

**语法格式**

（1）获得属性值。

```
$("选择器").attr("属性名")
```

（2）设置属性值。

```
$("选择器").attr("属性名","属性值")
```

**示例**

```
<!DOCTYPE html>
<html>
  <head>
    <title>jQuery 案例</title>
    <meta charset="utf-8" />
    <script type="text/javascript" src="res/jquery/jquery-1.8.3.min.js">
</script>
    <script type="text/javascript">
      function getAttr(){
          var path = $("img").attr("src");
          alert(path);
      }
      function setAttr(){
          $("img").attr("src","res/jquery/images/132.jpg");
      }
```

```
    </script>
  </head>
  <body>

    <input type="button" value="获得属性值" onclick="getAttr()" />
    <input type="button" value="设置属性值" onclick="setAttr()" />

    <br/><br/>

    <img src="res/jquery/images/131.jpg" width="700" />

  </body>
</html>
```

**代码讲解**

1. 获得属性值

**var path = $("img").attr("src");**

获得 img 标签的 src 属性值。

$("img")：标签选择器，选定标签名为 img 的 HTML 元素。

attr("src")：获得 HTML 元素的 src 属性值。

2. 设置属性值

**$("img").attr("src","res/jquery/images/132.jpg");**

设置 img 标签的 src 属性值。

$("img")：标签选择器，选定标签名为 img 的 HTML 元素。

attr("src","res/jquery/images/132.jpg")：将 HTML 元素的 src 属性值设置为"res/jquery/images/132.jpg"。

**运行效果**

单击"获得属性值"按钮，弹出提示框，显示图片的路径，如图 2-4 所示。

图 2-4　获得图片的路径

单击"设置属性值"按钮，改变图片的路径，如图 2-5 所示。

图 2-5 改变图片的路径

在 jQuery 中，使用 attr()方法可以同时设置 HTML 元素的多个属性值。

**语法格式**

```
$("选择器").attr({"属性名":"属性值","属性名":"属性值"… })
```

**示例**

```
<!DOCTYPE html>
<html>
  <head>
    <title>jQuery 案例</title>
    <meta charset="utf-8" />
    <script type="text/javascript" src="res/jquery/jquery-1.8.3.min.js">
</script>
    <script type="text/javascript">
      function setAttr(){
          $("img").attr({
             "src":"res/jquery/images/132.jpg",
             "width":"300"
          });
      }
    </script>
  </head>
  <body>

    <input type="button" value="设置属性值" onclick="setAttr()" />

    <br/><br/>

    <img src="res/jquery/images/131.jpg" width="700" />
```

```
  </body>
</html>
```

**代码讲解**

```
    $("img").attr({
        "src":"res/jquery/images/132.jpg",
          "width":"300"
  });
```

同时设置 img 标签的多个属性值。

$("img")：标签选择器，选定标签名为 img 的 HTML 元素。

attr({…})：同时设置 HTML 元素的多个属性值。

"src":"res/jquery/images/132.jpg"：设置 src 属性值。

"width":"300"：设置 width 属性值。

**运行效果**

单击“设置属性值”按钮，改变图片的路径和大小，如图 2-6 所示。

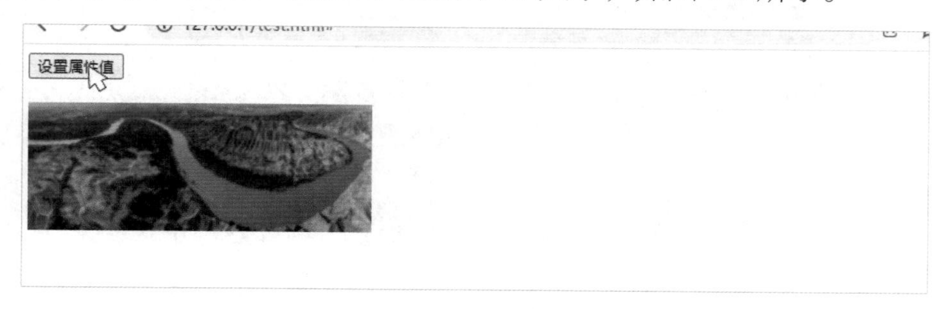


图 2-6　改变图片的路径和大小

### 2. removeAttr()方法

removeAttr()方法用于从被选定元素中移除 HTML 元素的属性。

**语法格式**

```
$("选择器").removeAttr("属性名")
```

**示例**

```
<!DOCTYPE html>
<html>
  <head>
    <title>jQuery 案例</title>
    <meta charset="utf-8" />
    <script type="text/javascript" src="res/jquery/jquery-1.8.3.min.js">
</script>
    <script type="text/javascript">
      function remove(){
          $("div").removeAttr("style");
      }
```

```
        </script>
    </head>
    <body>

        <input type="button" value="移除属性" onclick="remove()" />

        <br/><br/>

        <div style="width:200px;height:150px;background-color:#FF0000;color:
#FFFFFF;">jQuery</div>

    </body>
</html>
```

**代码讲解**

```
$("div").removeAttr("style");
移除 div 标签的 style 属性。
$("div")：标签选择器，选定标签名为 div 的 HTML 元素。
removeAttr("style")：移除 HTML 元素的 style 属性。
```

**运行效果**

单击“移除属性”按钮，移除 div 标签的样式属性，如图 2-7 所示。

图 2-7　移除 div 标签的样式属性

### 3. prop()方法

prop()方法在功能上与 attr()方法非常相似，都用于获得或设置元素的属性值。

attr()方法与 prop()方法的区别如下。

attr()方法通常用于获得或设置标签的 HTML 属性，如 input 标签的 type、name、value、size 等属性，一般不用来操作 checked、readOnly、selected、disabled 等属性。attr()方法还可以操作非标准的属性，如自定义属性。

prop()方法通常用于获得或设置标签的 DOM 属性，如 select 标签的 length、selectedIndex 等属性，一般用来操作 checked、readOnly、selected、disabled 等属性。具有 true 和 false 两个返回值的属性也使用 prop()方法操作。

**语法格式**

（1）获得属性值。

```
$("选择器").prop("属性名")
```

（2）设置属性值。

```
$("选择器").prop("属性名","属性值")
```

**示例**

```
<!DOCTYPE html>
<html>
  <head>
    <title>jQuery 案例</title>
    <meta charset="utf-8" />
    <style type="text/css">
      div{
          width:200px;
          height:150px;
          line-height:150px;
          text-align:center;
          background-color:#FF0000;
          color:#FFFFFF;
          font-weight:bold;
          border-radius:10px;
      }
    </style>
    <script type="text/javascript" src="res/jquery/jquery-1.8.3.min.js">
</script>
    <script type="text/javascript">
      function getHtml(){
          var str = $("div").prop("innerHTML");
          alert(str);
      }
      function setHtml(){
          $("div").prop("innerHTML","<i>jQuery 框架 prop()方法</i>");
      }
    </script>
  </head>
  <body>

    <input type="button" value="获得" onclick="getHtml()" />
    <input type="button" value="设置" onclick="setHtml()" />
```

```
    <br/><br/>

    <div>标签显示内容</div>

  </body>
</html>
```

**代码讲解**

```
1. 获得属性值
    var str = $("div").prop("innerHTML");
    获得 div 标签的 innerHTML 属性值。

2. 设置属性值
    $("div").prop("innerHTML","<i>jQuery 框架 prop()方法</i>");
    设置 div 标签的 innerHTML 属性值。
```

**运行效果**

单击“获得”按钮，弹出提示框，显示 div 标签中的内容，如图 2-8 所示。

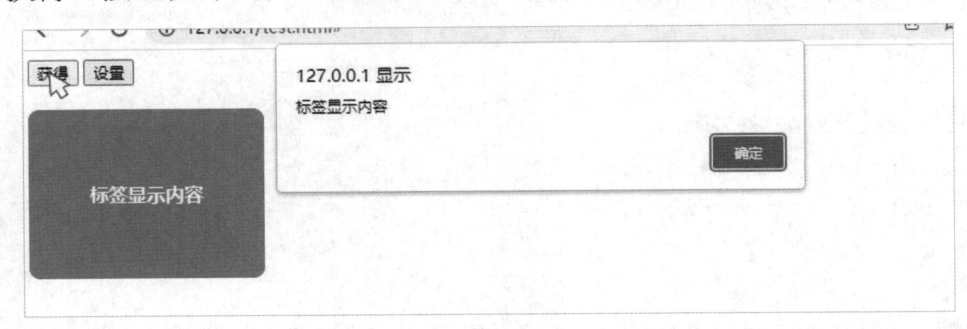


图 2-8　获得内容

单击“设置”按钮，改变 div 标签中的内容，如图 2-9 所示。

图 2-9　更改内容

在 jQuery 中，使用 prop()方法可以同时设置 HTML 元素的多个 DOM 属性值。

**语法格式**

```
$("选择器").prop({"属性名":"属性值","属性名":"属性值"… })
```

示例

```
<!DOCTYPE html>
<html>
  <head>
    <title>jQuery 案例</title>
    <meta charset="utf-8" />
    <style type="text/css">
      .square{
          width:200px;
          height:150px;
          line-height:150px;
          text-align:center;
          background-color:#FF0000;
          color:#FFFFFF;
          font-weight:bold;
          border-radius:10px;
      }
    </style>
    <script type="text/javascript" src="res/jquery/jquery-1.8.3.min.js">
</script>
    <script type="text/javascript">
      function setHtml(){
          $("div").prop({
              "className":"square",
              "innerHTML":"<i>jQuery 框架 prop()方法</i>"
          });
      }
    </script>
  </head>
  <body>

    <input type="button" value="设置" onclick="setHtml()" />

    <br/><br/>

    <div>标签显示内容</div>

  </body>
</html>
```

代码讲解

```
$("div").prop({
```

```
    "className":"square",
    "innerHTML":"<i>jQuery 框架 prop()方法</i>"
});
同时设置 div 标签的多个 DOM 属性值。
prop({…})：同时设置 HTML 元素的多个属性值。
"className":"square"：设置 HTML 元素的 className 属性值。
"innerHTML":"<i>jQuery框架prop()方法</i>":设置 HTML 元素的innerHTML属性值。
```

**运行效果**

单击“设置”按钮，改变 div 标签的显示样式和显示内容，如图 2-10 所示。

图 2-10　改变 div 标签的显示样式和显示内容

### 【知识链接】操作 class 属性的方法

在网页制作中，经常需要通过修改标签的 class 属性来改变标签的样式，所以 jQuery 为我们提供了若干个方法专门用于设置 HTML 元素的 class 属性。这些方法和 attr()方法的区别是不会修改原有的 class 属性值。

#### 1. addClass()方法

addClass()方法用于给 HTML 元素添加 class 样式引用，如果这个标签之前有 class 属性值，那么就在原有的基础上再添加一个 class 属性值；如果之前没有 class 属性值，就直接添加一个 class 属性值。当需要制作标签被选中的效果时，就可以使用这个方法来给标签添加一个对应样式的 class 属性值。

**语法格式**

```
$("选择器").addClass("class 名")
```

**示例**

```
<!DOCTYPE html>
<html>
  <head>
    <title>jQuery 案例</title>
    <meta charset="utf-8" />
```

```
    <style>
        .class1{
            width:200px;
            height:150px;
            background-color:#FF0000;
            color:#FFFFFF;
        }
    </style>
    <script type="text/javascript" src="res/jquery/jquery-1.8.3.min.js">
</script>
    <script type="text/javascript">
        function add(){
          $("div").addClass("class1");
        }
    </script>
  </head>
  <body>
    <div class="class0">jQuery</div>
    <input type="button" value="添加 class" onclick="add()">
  </body>
</html>
```

**代码讲解**

**$("div").addClass("class1");**

给 div 标签添加 class 属性值。

$("div")：标签选择器，选定标签名为 div 的 HTML 元素。

addClass("class1")：给 HTML 元素添加 class 属性值。

**运行效果**

单击“添加 class”按钮，div 标签的显示样式如图 2-11 所示。

图 2-11　添加 class 属性值后 div 标签的显示样式

### 2. removeClass()方法

removeClass()方法用于将 HTML 元素的 class 样式引用移除，只移除传入的 class 属性值，其他 class 属性值依然保留。该方法可以用来取消标签的 class 属性对应的显示样式。

**语法格式**

```
$("选择器").removeClass("class 名")
```

**示例**

```
<!DOCTYPE html>
<html>
  <head>
    <title>jQuery 案例</title>
    <meta charset="utf-8" />
    <style>
        .class1{
            width:200px;
            height:150px;
            background-color:#FF0000;
            color:#FFFFFF;
        }
    </style>
    <script type="text/javascript" src="res/jquery/jquery-1.8.3.min.js">
</script>
    <script type="text/javascript">
        function add(){
          $("div").removeClass("class1");
        }
    </script>
  </head>
  <body>
    <div class="class0 class1">jQuery</div>
    <input type="button" value="删除 class" onclick="add()">
  </body>
</html>
```

**代码讲解**

**$("div").removeClass("class1");**

移除 div 标签的 class 属性值。

$("div")：标签选择器，选定标签名为 div 的 HTML 元素。

removeClass("class1")：移除 HTML 元素的 class 属性值中名为 class1 的值。

**运行效果**

单击“删除 class”按钮，div 标签的显示样式如图 2-12 所示。

图 2-12　删除 class 属性值后 div 标签的显示样式

### 3. toggleClass()方法

toggleClass()方法用于为 HTML 元素添加或移除 class 样式引用，相当于 addClass()方法和 removeClass()方法的结合。如果 HTML 元素已经有 class 属性值，就移除它；如果 HTML 元素没有 class 属性值，就添加一个。

**语法格式**

```
$("选择器").toggleClass("class 名")
```

**示例**

```
<!DOCTYPE html>
<html>
 <head>
  <title>jQuery 案例</title>
  <meta charset="utf-8" />
  <style>
     .class1{
        width:200px;
        height:150px;
        background-color:#FF0000;
        color:#FFFFFF;
     }
  </style>
  <script type="text/javascript" src="res/jquery/jquery-1.8.3.min.js">
</script>
  <script type="text/javascript">
     function remove(){
       $("div").toggleClass("class1");
     }
  </script>
 </head>
 <body>
  <div class="class1">jQuery</div>
  <input type="button" value="添加/移除" onclick="remove()">
 </body>
</html>
```

**代码讲解**

**$("div").toggleClass("class1");**

添加或移除 div 标签的 class 属性值。

$("div")：标签选择器，选定标签名为 div 的 HTML 元素。

toggleClass("class1")：添加或移除 HTML 元素的 class 属性值中名为 class1 的值。

**运行效果**

单击“添加/移除”按钮，div 标签的显示样式将在下面两张图片之间切换，如图 2-13 所示。

图 2-13　添加或移除 class 属性值后 div 标签的显示样式

### 【知识链接】设置内容

jQuery 为我们提供了若干个方法用于获得或设置 HTML 元素的内容和表单元素的 value 值。

#### 1. text()方法

text()方法用于获得或设置 HTML 元素的文本内容。当需要给一个标签添加一段文字时，就可以使用 text()方法。

**语法格式**

（1）获得文本内容。

```
$("选择器").text()
```

（2）设置文本内容。

```
$("选择器").text("内容")
```

**示例**

```
<!DOCTYPE html>
<html>
  <head>
    <title>jQuery 案例</title>
    <meta charset="utf-8" />
    <style type="text/css">
      div{
          width:500px;
          height:200px;
          border:1px solid #000000;
```

```
            padding:10px;
          }
        </style>
        <script type="text/javascript" src="res/jquery/jquery-1.8.3.min.js">
</script>
        <script type="text/javascript">
          function getText(){
              var str = $("div").text();
              alert(str);
          }
          function setText(){
              $("div").text("<h2>HTML 元素文本内容</h2>");
          }
        </script>
      </head>
      <body>
        <input type="button" value="获得文本内容" onclick="getText()" />
        <input type="button" value="设置文本内容" onclick="setText()" />
        <br/><br/>
        <div><font color='#FF0000'>jQuery</font>框架</div>
      </body>
    </html>
```

**代码讲解**

1. 获得文本内容

**var str = $("div").text();**

获得 div 标签的文本内容。

$("div")：标签选择器，选定标签名为 div 的 HTML 元素。

text()：获得 HTML 元素的文本内容。

2. 设置文本内容

**$("div").text("<h2>HTML 元素文本内容</h2>");**

设置 div 标签的文本内容。

$("div")：标签选择器，选定标签名为 div 的 HTML 元素。

text("<h2>HTML 元素文本内容</h2>")：将 HTML 元素的文本内容设置为“<h2>HTML 元素文本内容</h2>”。

**运行效果**

单击“获得文本内容”按钮，弹出提示框，显示 div 标签中的文本内容，如图 2-14 所示。

单击“设置文本内容”按钮，更改 div 标签中的文本内容，如图 2-15 所示。

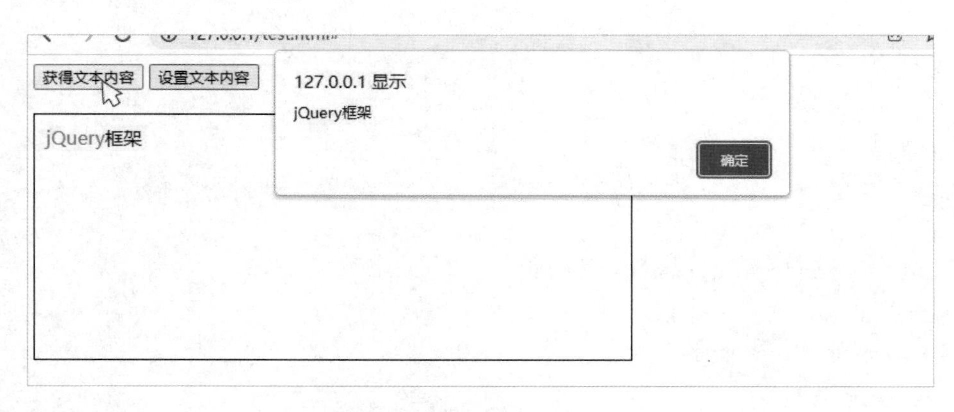


图 2-14　获得文本内容

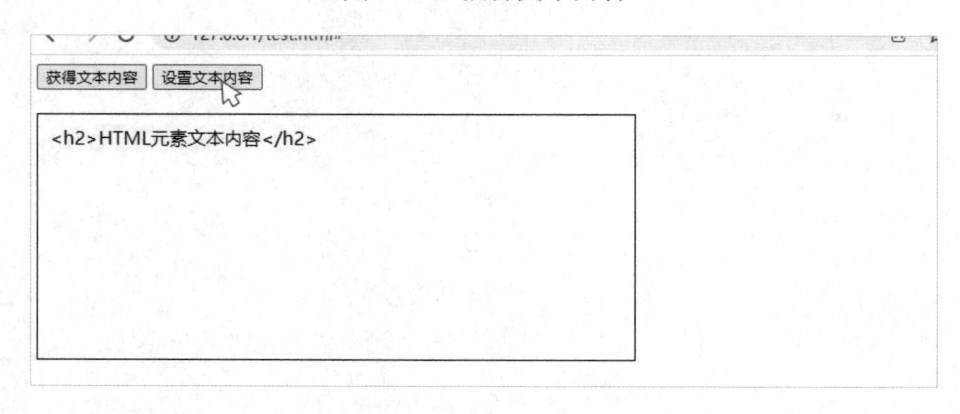


图 2-15　更改文本内容

### 2. html()方法

html()方法用于获得或设置 HTML 元素的内容，包括 HTML 标记。和 text()方法相比，此方法可以直接操作标签，而 text()方法只能操作标签中的文本内容。

**语法格式**

（1）获得内容。

```
$("选择器").html()
```

（2）设置内容。

```
$("选择器").html("内容")
```

**示例**

```
<!DOCTYPE html>
<html>
  <head>
    <title>jQuery 案例</title>
    <meta charset="utf-8" />
    <style type="text/css">
      div{
          width:500px;
          height:200px;
```

```
            border:1px solid #000000;
            padding:10px;
        }
    </style>
    <script type="text/javascript" src="res/jquery/jquery-1.8.3.min.js">
</script>
    <script type="text/javascript">
      function getHtml(){
          var str = $("div").html();
          alert(str);
      }
      function setHtml(){
          $("div").html("<h2>HTML 元素文本内容</h2>");
      }
    </script>
  </head>
  <body>

    <input type="button" value="获得内容" onclick="getHtml()" />
    <input type="button" value="设置内容" onclick="setHtml()" />

    <br/><br/>

    <div><font color='#FF0000'>jQuery</font>框架</div>

  </body>
</html>
```

**代码讲解**

1. 获得内容

**var str = $("div").html();**

获得 div 标签的内容，包括 HTML 标记。

$("div")：标签选择器，选定标签名为 div 的 HTML 元素。

html()：获得 HTML 元素的内容，包括 HTML 标记。

2. 设置内容

**$("div").html("<h2>HTML 元素文本内容</h2>");**

设置 div 标签的内容。

$("div")：标签选择器，选定标签名为 div 的 HTML 元素。

html("<h2>HTML 元素文本内容</h2>")：将 HTML 元素的内容设置为“<h2>HTML 元素文本内容</h2>”。

**运行效果**

单击“获得内容”按钮，弹出提示框，显示 div 标签中的所有内容，如图 2-16 所示。

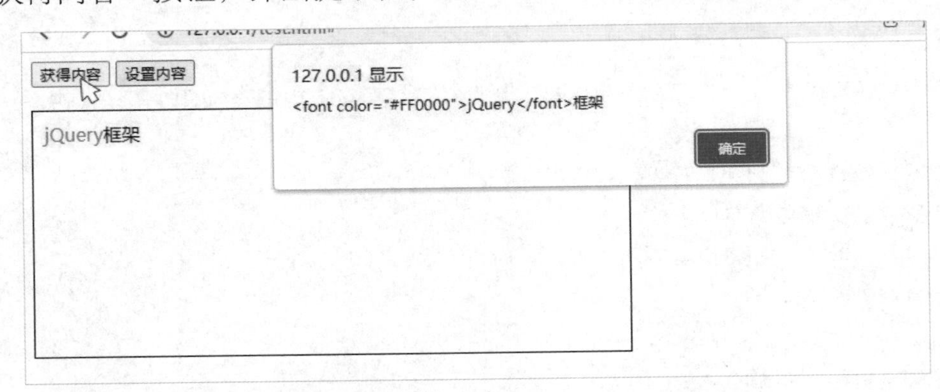


图 2-16　获得 div 标签中的所有内容

单击“设置内容”按钮，更改 div 标签中的内容，如图 2-17 所示。

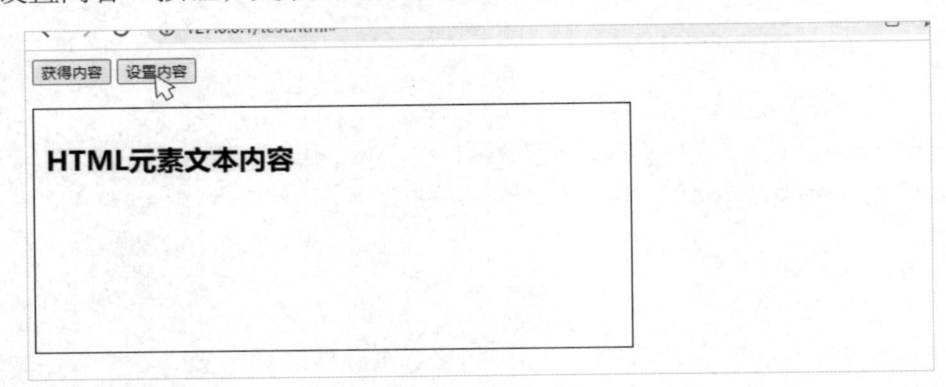


图 2-17　更改 div 标签中的内容

### 3. val()方法

val()方法用于获得或设置表单元素的 value 值。当需要验证表单输入的字符串是否合法时，就可以使用这个方法。

**语法格式**

（1）获得 value 值。

```
$("选择器").val()
```

（2）设置 value 值。

```
$("选择器").val("内容")
```

**示例**

```
<!DOCTYPE html>
<html>
  <head>
    <title>jQuery 案例</title>
```

```
    <meta charset="utf-8" />
    <style type="text/css">
      textarea{
          width:500px;
          height:200px;
      }
    </style>
    <script type="text/javascript" src="res/jquery/jquery-1.8.3.min.js">
</script>
    <script type="text/javascript">
      function getValue(){
          var str = $("textarea").val();
          alert(str);
      }
      function setValue(){
          $("textarea").val("jQuery框架val()方法");
      }
    </script>
  </head>
  <body>

    <input type="button" value="获得" onclick="getValue()" />
    <input type="button" value="设置" onclick="setValue()" />

    <br/><br/>

    <textarea>表单元素value值</textarea>

  </body>
</html>
```

**代码讲解**

1. 获得value值

**`var str = $("textarea").val();`**

获得textarea标签的value值。

`$("textarea")`：标签选择器，选定标签名为textarea的HTML元素。

`val()`：获得表单元素的value值。

2. 设置value值

**`$("textarea").val("jQuery框架val()方法");`**

设置 textarea 标签的value值。

`$("textarea")`：标签选择器，选定标签名为textarea的HTML元素。

val("jQuery 框架 val()方法")：将 HTML 元素的 value 值设置为“jQuery 框架 val()方法”。

**运行效果**

单击“获得”按钮，弹出提示框，显示 textarea 标签的 value 值，如图 2-18 所示。

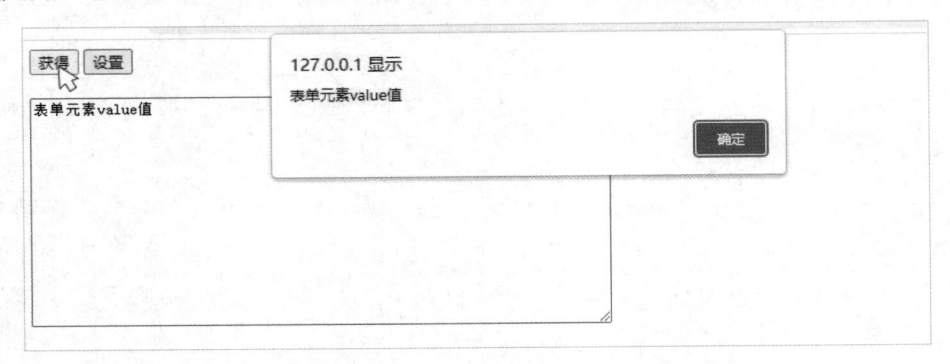


图 2-18　获取 value 值

单击“设置”按钮，更改 textarea 标签的 value 值，如图 2-19 所示。

图 2-19　更改 value 值

## 步骤 2：触发 video 标签的事件

当要实现视频的播放和暂停时，就需要通过 jQuery 中的方法来触发 video 标签的 play 事件和 pause 事件。

### 【知识链接】触发事件

trigger()方法用于触发 HTML 元素的某类事件，如表单提交事件，视频播放、暂停事件。

**语法格式**

```
$("选择器").trigger(事件类型)
```

**示例**

```
<!DOCTYPE html>
<html>
  <head>
```

```
        <title>jQuery案例</title>
        <meta charset="utf-8" />
        <script type="text/javascript" src="res/jquery/jquery-1.8.3.min.js">
</script>
        <script type="text/javascript">
         $(function(){
             $("#btn").click(function(){
                 $("form").trigger("submit");
             });
         })
        </script>
      </head>
      <body>

        <form method="get" action="http://www.???.com">
          <input type="text" name="userName" /><br/>
          <input type="password" name="password" /><br/>
          <input id="btn" type="button" value="提交" />
        </form>

      </body>
    </html>
```

**代码讲解**

```
$("form").trigger("submit");
使用trigger()方法触发表单的submit事件。
$("form")：标签选择器，选定标签名为form的HTML元素。
trigger("submit")：触发HTML元素的submit事件。
```

**运行效果**

单击“提交”按钮，触发表单提交事件，页面跳转到指定页面，如图2-20所示。

图2-20 表单提交

本模块的示例如下，通过jQuery中操作标签属性的方法和trigger()方法实现了视频的播放、静音、快进、快退功能。

**示例**

```
<!DOCTYPE html>
<html>
```

```
<head>
  <title>祖国河山</title>
  <meta charset="utf-8" />
  <script type="text/javascript" src="jquery-1.8.3.min.js"></script>
  <style type="text/css">
    html,body{
      margin:0px;
      padding:0px;
      width:100%;
      height:100%;
      overflow:hidden;
      background-color:#000000;
    }
    ul{
      margin:0px;
      padding:0px;
      list-style-type:none;
    }
    a{
    color:#9a9a9a;
      text-decoration:none;
    }
    /* 网站头 */
    .head{
      width:100%;
      height:56px;
      background-image:url("images/head_bg.png");
      position:fixed;
      top:0px;
      left:0px;
      z-index:999;
      opacity:0.7;
    }
    .head ul{
      width:100%;
      height:56px;
      display:flex;
      justify-content:center;
    }
    .head ul li{
      width:15%;
      line-height:56px;
```

```
  text-align:center;
  border-radius:0px;
  background-color:transparent;
}
.head ul li:hover{
border-bottom:1px solid #ffffff;
}
/* 正文内容 */
#mainDiv{
width:100%;
  height:100%;
  position:absolute;
  left:0px;
  top:0px;
  z-index:1;
  transition:all 0.5s ease-in-out;
}
/* 第二屏 */
#page1{
position:relative;
  width:100%;
  height:100%;
  background-image:url("images/page2_bg.jpg");
  background-repeat:no-repeat;
  background-position:center;
  background-size:cover;
  display:flex;
  align-items:center;
  justify-content:center;
  overflow:hidden;
}
#page1 div{
text-align:center;
}
#page1_1{
  margin-left:auto;
  margin-right:auto;
  transition:all 1s ease 1s;
}
#page1_1 img{
  width:500px;
  opacity:0.9;
```

```
        border-radius:10px;
      }
      #page1_2{
        margin-top:30px;
        margin-left:auto;
        margin-right:auto;
        transition:all 1s ease 1s;
      }
      #page1_2 img{
      width:50px;
        opacity:0.5;
      }
      #page1_2 img:hover{
        opacity:0.8;
      }
      #page1_2 input{
        width:100px;
        height: 30px;
        line-height: 30px;
        text-align: center;
        cursor: pointer;
      }
      #page1_3{
        width:100%;
        border:30px solid #ff5722;
        border-radius: 20px
      }
      .enter #page1_1{
        transform:translatex(-100%);
        opacity:0;
      }
      .enter #page1_2{
        transform:translatex(100%);
        opacity:0;
      }
    </style>
    <script type="text/javascript">
      var isPlay = false;

      //页面载入事件
      $(function(){
        //第二屏的入场动画
```

```
        $("#page1").attr("class","");
        //第二屏，显示视频
        $("#btn1").click(function () {
            if (isPlay) {
                $("video").trigger("pause");
                $(this).val("播放");
            }
            else {

                $("video").trigger("play");
                $(this).val("暂停");
            }
            isPlay = !isPlay;
        });

        $("#btn2").click(function () {
            var muted = $("video").prop("muted");
            $("video").prop("muted", !muted);
        });

        $("#btn3").click(function () {
            var currentTime = $("video").prop("currentTime");
            $("video").prop("currentTime", currentTime + 5);
        });

        $("#btn4").click(function () {
            var currentTime = $("video").prop("currentTime");
            $("video").prop("currentTime", currentTime - 5);
        });
    })
  </script>
</head>
<body>
  <!-- 网站头 -->
  <div class="head">
    <ul>
      <li><a href="#">网站首页</a></li>
      <li><a href="#">在线课堂</a></li>
      <li><a href="#">付费课程</a></li>
      <li><a href="#">全站搜索</a></li>
    </ul>
  </div>
```

```
    <!-- 正文内容 -->
    <div id="mainDiv">

      <!-- 第二屏 -->
      <div id="page1" class="enter">
        <div>
          <div id="page1_1">
            <video id="page1_3" src="video/shg.mp4"></video>
          </div>

          <div id="page1_2">
              <input id="btn1" type="button" value="播放" />
              <input id="btn2" type="button" value="静音" />
              <input id="btn3" type="button" value="快进" />
              <input id="btn4" type="button" value="快退" />
          </div>
        </div>
      </div>
    </div>

  </body>
</html>
```

**代码讲解**

1. 定义变量 isPlay

    `var isPlay = false;`

    用于判断视频的状态是播放还是暂停。

2. 设置入场动画

    `$("#page1").attr("class","");`

    页面刷新动画重新开始。

3. 添加鼠标单击事件

    **`$("#btn1").click(function(){…}`**

    为暂停/播放按钮添加鼠标单击事件。

    **`$("#btn2").click(function(){…}`**

    为静音按钮添加鼠标单击事件。

    **`$("#btn3").click(function(){…}`**

    为快进按钮添加鼠标单击事件。

    **`$("#btn4").click(function(){…}`**

    为快退按钮添加鼠标单击事件。

4. 触发事件

```
$("video").trigger("pause");
```

触发 video 标签的视频播放事件。

```
$("video").trigger("play");
```

触发 video 标签的视频暂停事件。

5. 获取属性值

```
var muted = $("video").prop("muted");
```

调用 prop() 方法查看视频是否有声音，返回值为 true 表示有声音，返回值为 false 表示没有声音。

```
var currentTime = $("video").prop("currentTime");
```

获取视频当前的播放位置。

6. 设置属性

```
$("video").prop("muted",!muted);
```

设置视频是否静音的属性为当前状态的反。

```
$("video").prop("currentTime",currentTime+5);
```

设置视频在当前播放位置增加 5 秒。

```
$("video").prop("currentTime",currentTime-5);
```

设置视频在当前播放位置减少 5 秒。

7. 设置 value 值

```
$(this).val("播放");
```

设置暂停/播放按钮的 value 值为“播放”。

```
$(this).val("暂停");
```

设置暂停/播放按钮的 value 值为“暂停”。

上述代码的运行效果如图 2-21 所示。

图 2-21　操作网页视频运行效果

## 扩展练习

运用学到的知识，完成以下拓展任务。

### 拓展 1：分页栏

运行效果如图 2-22 所示。

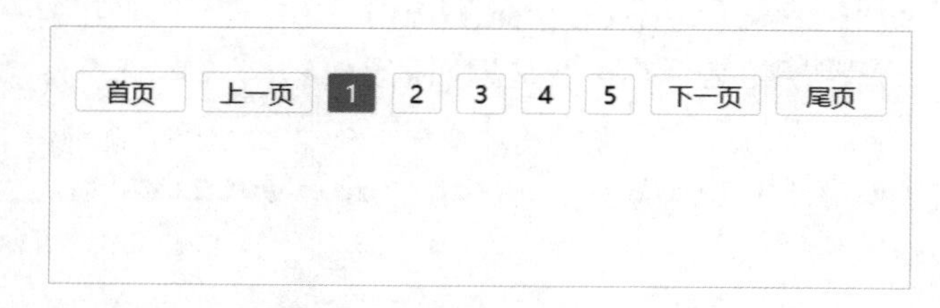


图 2-22　分页栏示例运行效果

**要求：**

（1）参考示例运行效果，制作 HTML 显示页面。

（2）定义 pageIndex 变量，控制页码的选中。例如，当 pageIndex=3 时，控制数字 3 对应的页码被选中。

（3）利用 jQuery 实现页面交互功能。

① 添加页面载入事件。

② 给 class 属性值为 firstPage 的标签添加鼠标单击事件，用于设置 pageIndex 变量值为 1。

③ 给 class 属性值为 lastPage 的标签添加鼠标单击事件，用于设置 pageIndex 变量值为 5。

④ 给 class 属性值为 previousPage 的标签添加鼠标单击事件，用于设置 pageIndex 变量值减 1，但不得小于 1。

⑤ 给 class 属性值为 nextPage 的标签添加鼠标单击事件，用于设置 pageIndex 变量值加 1，但不得大于 5。

⑥ 给 class 属性值为 numberPage 的标签添加鼠标单击事件，用于设置 pageIndex 变量值为当前单击的页码数字。

⑦ 当单击分页栏时，需要设置页码数字的选中效果：给指定的页码数字添加 active 样式引用。

**在线做题：**

打开浏览器并输入指定地址，在线完成本道练习题。

实训链接：http://www.hxedu.com.cn/Resource/OS/AR/zz/zxy/202103636/6.html

实训码：2222630d

### 拓展 2：手机密码输入

运行效果如图 2-23 所示。

**要求：**

（1）参考示例运行效果，制作 HTML 显示页面。

（2）定义 index 变量，用于控制将要操作哪个文本框。

（3）利用 jQuery 实现页面交互功能。

① 添加页面载入事件。

② 给 class 属性值为 numBtn 的按钮添加鼠标单击事件，将当前按钮数字显示到 index 对应的文本框中，同时控制 index 变量值加 1。

③ 当 6 位数字全部输入完成时，将“确定”按钮设置为可用状态。

④ 给 id 属性值为 backBtn 的按钮添加鼠标单击事件，用于清空 index 对应的文本框中的显示内容，同时控制 index 变量值减 1，并且设置“确定”按钮为不可用状态。

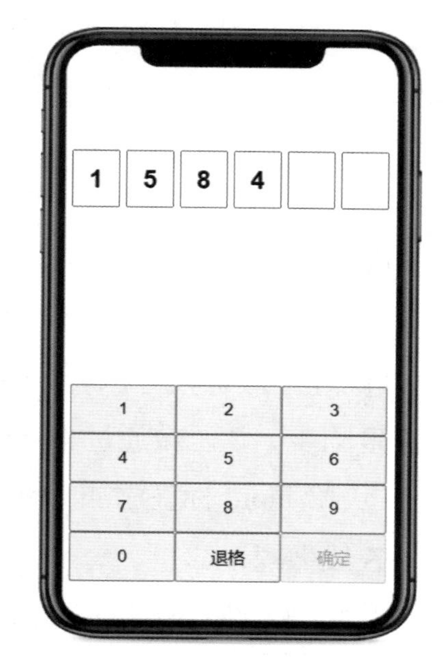


图 2-23 手机密码输入示例运行效果

**在线做题：**

打开浏览器并输入指定地址，在线完成本道练习题。

实训链接：http://www.hxedu.com.cn/Resource/OS/AR/zz/zxy/202103636/6.html

实训码：f9225c25

### 拓展 3：音频播放

运行效果如图 2-24 所示。

图 2-24　音频播放示例运行效果

**要求：**

（1）参考示例运行效果，制作 HTML 显示页面。

（2）定义 isPlay 变量，默认值为 false，用于控制视频的播放与暂停。

（3）定义 totalTime 变量，默认值为 0，用于存储音频的总时长。通过音频标签的 duration 属性，可获得音频总时长。

（4）利用 jQuery 实现页面交互功能。

① 添加页面载入事件。

② 给 id 属性值为 btn 的按钮添加鼠标单击事件，用于控制音频的播放与暂停，并变更按钮图片路径。

“播放”按钮图片路径：res/jquery/images/play.png。

“暂停”按钮图片路径：res/jquery/images/pause.png。

③ 当第一次播放音频时，将 input 标签设置为可用状态，同时获得音频总时长，并将其设置给 input 标签的 max 属性。

④ 在播放音频时，调用 getProgress()自定义函数设置 input 标签的进度值，保持与音频播放进度同步。该函数通过 JavaScript 定时器每隔一秒钟同步一次进度。

⑤ 给 input 标签添加 change 事件，用于通过当前标签的 value 值设置音频播放进度。

**在线做题：**

打开浏览器并输入指定地址，在线完成本道练习题。

实训链接：http://www.hxedu.com.cn/Resource/OS/AR/zz/zxy/202103636/6.html

实训码：ab4f3b24

### 拓展 4：开关按钮

运行效果如图 2-25 所示。

图 2-25 开关按钮示例运行效果

**要求：**

（1）参考示例运行效果，制作 HTML 显示页面。

（2）定义 isOpen 变量，用于控制开关按钮的状态。

① 当 isOpen 变量值为 true 时，开关处于开启状态。

② 当 isOpen 变量值为 false 时，开关处于关闭状态。

（3）利用 jQuery 实现页面交互功能。

① 添加页面载入事件。

② 给 class 属性值为 btn 的标签添加鼠标单击事件，用于控制开关按钮的状态。

③ 设置开关为开启状态，给 section 标签添加 active 样式引用，将 class 属性值为 txt 的标签的显示内容设置为 ON。

④ 设置开关为关闭状态，移除 section 标签的 active 样式引用，将 class 属性值为 txt 的标签的显示内容设置为 OFF。

**在线做题：**

打开浏览器并输入指定地址，在线完成本道练习题。

实训链接：http://www.hxedu.com.cn/Resource/OS/AR/zz/zxy/202103636/6.html

实训码：442746b3

## 测验评价

### 1. 评价标准（见表 2-1）

表 2-1 评价标准

| 采分点 | 教师评分（0～5 分） | 自评（0～5 分） | 互评（0～5 分） |
|---|---|---|---|
| 1. 掌握 jQuery 中操作属性的方法，并正确使用。<br>2. 掌握 jQuery 中操作 class 属性的方法，并正确使用。<br>3. 掌握 jQuery 中设置内容的方法，并区分它们之间的区别。<br>4. 掌握 jQuery 中触发事件的方法，并熟练使用。<br>5. 可以根据不同的需求选择合适的方法来操作网页元素的属性 | | | |

### 2. 在线测评

打开浏览器并输入指定地址，在线完成测评。

# 模块 3

# 制作更多交互事件

## 情景导入

我们制作的网页除了可以给用户展示一些信息，还有一个重要的功能，即和用户进行信息上的交互。比如，在登录或注册时用户提交表单的操作，如图 3-1 所示；又如，用户在论坛上发表自己的评论等。为了让用户在交互时有更好的体验，就需要用到一些动画效果。在图 3-1 中，单击“提交”按钮判断填写的内容是否合法，并显示相应的信息，在显示信息时加上动画效果。

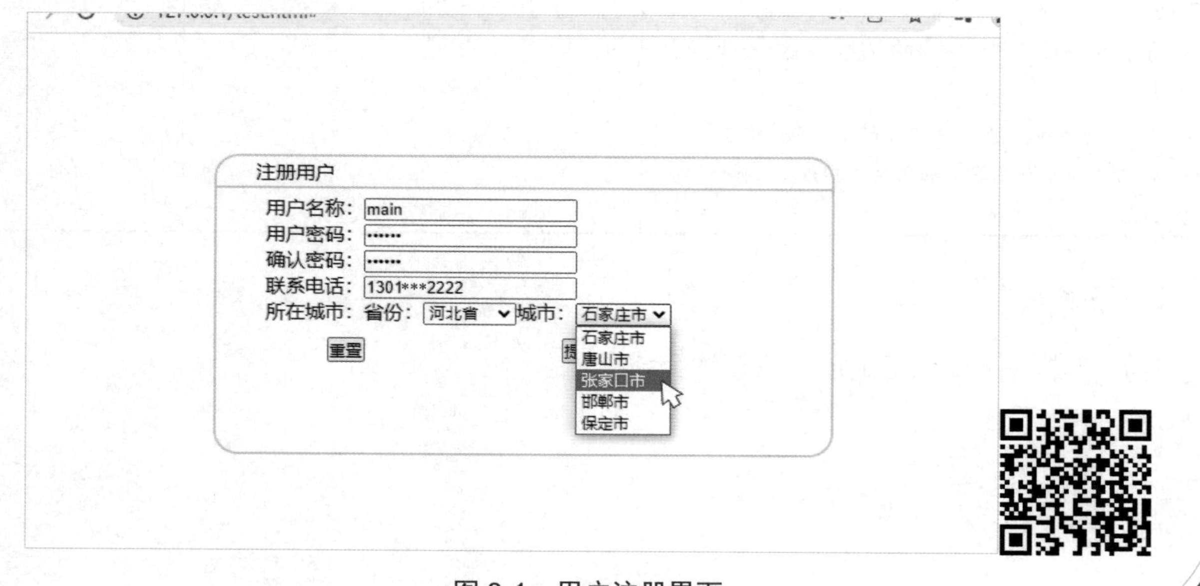


图 3-1　用户注册界面

## 任务分析

在这个用户注册案例中，用户在网页中的注册表单中依次填写相关的内容，并选择所在省份和城市。通过使用 jQuery 提供的添加节点的方法或删除节点的方法，实现在“城市”下拉列表框中只显示已选择的省份中的城市列表。当注册信息填写完成后，单击“提交”按钮，这时表单的提交事件被触发，通过 jQuery 提供的方法获取表单中的内容，并对提交的用户信息进行一一验证。如果有一条信息不符合要求，则调用 jQuery 提供的动画方法显示对应的错误提示信息；如果全部信息都符合要求，则调用 jQuery 提供的动画方法显示“注册成功!”。当单击“重置”按钮后，会清除全部表单信息。实现制作更多交互事件模块的思维导图如图 3-2 所示。

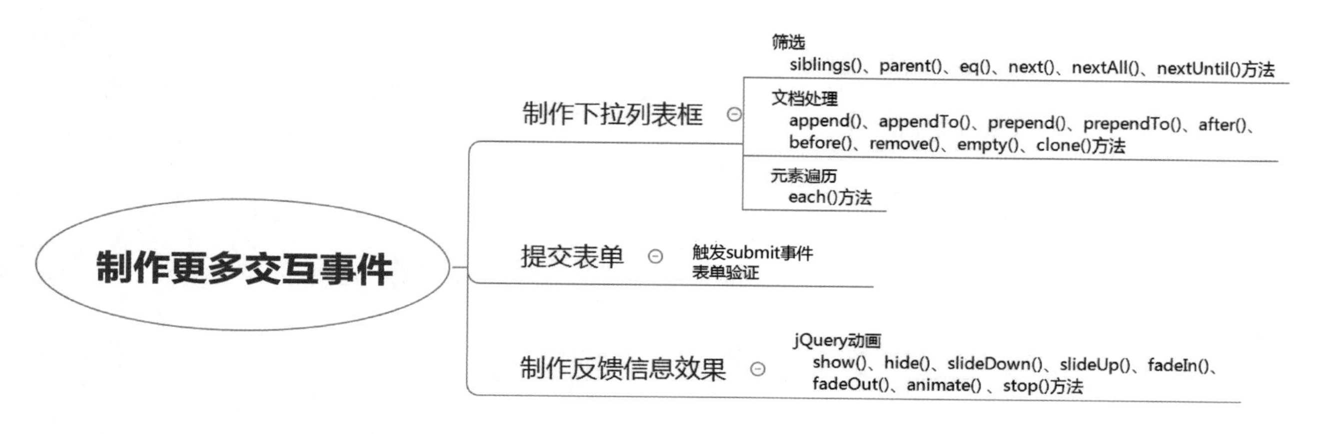


图 3-2　实现制作更多交互事件模块的思维导图

制作更多交互事件模块在整体的实现上可以划分为以下 3 个步骤。

- 制作下拉列表框。
- 提交表单。
- 制作反馈信息效果。

## 任务实施

### 步骤 1：制作下拉列表框

如果想要实现一个像上面案例中那样的下拉列表框，就需要用到 jQuery 中的筛选和文档处理等方法。

## 【知识链接】筛选

jQuery 为我们提供了一系列筛选方法，用于在已匹配的元素中进一步筛选匹配的元素。

### 1. siblings()方法

siblings()方法用于筛选匹配元素的所有同辈元素，就像在一个家庭中查找一个家庭成员的所有兄弟姐妹。siblings()方法也可以传入选择器，在所有同辈元素中进行进一步筛选，就像在一个家庭中只查找一个家庭成员的哥哥和弟弟。

**语法格式**

```
$("选择器").siblings()
```

或者

```
$("选择器").siblings("选择器")
```

**示例**

```
<!DOCTYPE html>
<html>
  <head>
    <title>jQuery 案例</title>
    <meta charset="UTF-8" />
    <style type="text/css">
      section{
          width:500px;
          border:2px solid #FF0000;
      }
    </style>
    <script type="text/javascript" src="res/jquery/jquery-1.8.3.min.js">
</script>
    <script type="text/javascript">
      function removeTag(){
          $("section div:first").siblings().remove();
      }
    </script>
  </head>
  <body>

    <input type="button" value="移除同辈元素" onclick="removeTag()" />

    <br/><br/>

    <section>
```

```
        <div>第一个 div</div>
        <div>第二个 div</div>
        <div>第三个 div</div>
        <div>第四个 div</div>
        <div>第五个 div</div>
        <div>第六个 div</div>
        <div>第七个 div</div>
      </section>

    </body>
  </html>
```

**代码讲解**

```
$("section div:first").siblings().remove();
移除 section 标签中第一个 div 标签的所有同辈元素。
$("section div:first")：选定 section 标签中的第一个 div 标签。
siblings()：返回指定 HTML 元素的所有同辈元素。
remove()：移除指定 HTML 元素。
```

**运行效果**

单击“移除同辈元素”按钮，删除 section 标签中除第一个 div 标签外的所有同辈元素，如图 3-3 所示。

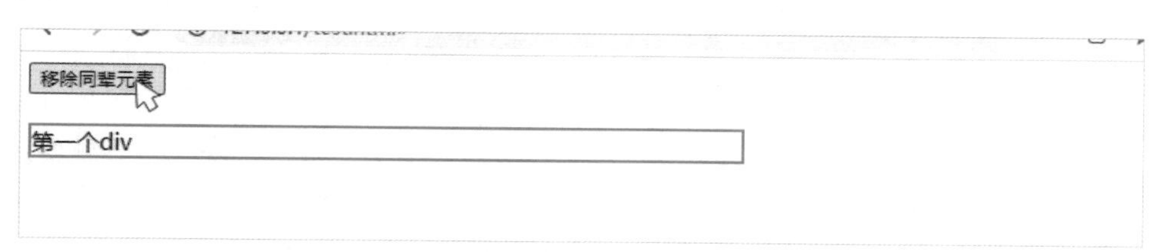


图 3-3　移除第一个 div 标签的同辈元素

### 2. parent()方法

parent()方法用于返回指定 HTML 元素的直接父元素，就像在一个家庭中查找一个家庭成员的父亲。parent()方法也可以传入选择器，对自己的父元素进行二次筛选。

**语法格式**

```
$("选择器").parent()
```

或者

```
$("选择器").parent("选择器")
```

**示例**

```
<!DOCTYPE html>
<html>
  <head>
```

```
        <title>jQuery 案例</title>
        <meta charset="UTF-8" />
        <style type="text/css">
          section{
              width:500px;
              border:2px solid #FF0000;
              margin:30px;
          }
          div{
              text-align:right;
              background-color:#DEE1E6;
              margin:5px;
          }
        </style>
        <script type="text/javascript" src="res/jquery/jquery-1.8.3.min.js">
</script>
        <script type="text/javascript">
          $(function(){
              $("input").click(function(){
                  $(this).parent().remove();
              });
          })
        </script>
      </head>
      <body>

        <section>
          <div><input type="button" value="删除行" /></div>
          <div><input type="button" value="删除行" /></div>
          <div><input type="button" value="删除行" /></div>
          <div><input type="button" value="删除行" /></div>
          <div><input type="button" value="删除行" /></div>
          <div><input type="button" value="删除行" /></div>
          <div><input type="button" value="删除行" /></div>
        </section>

      </body>
    </html>
```

**代码讲解**

**$(this).parent().remove();**

移除当前元素的直接父元素。

```
$(this).parent()：返回当前元素的直接父元素。
remove()：移除指定 HTML 元素。
```

**运行效果**

单击某个 div 标签中的“删除行”按钮，删除这个按钮所在的 div 标签，如图 3-4 所示。

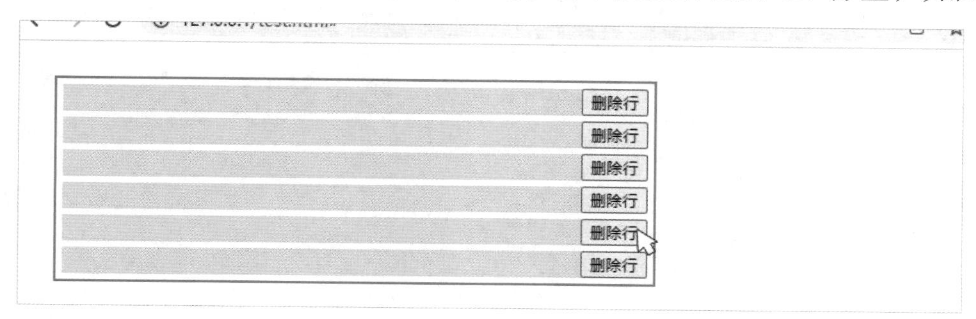


图 3-4　删除按钮所在的 div 标签

### 3. eq()方法

eq()方法用于返回被选元素中带有指定索引号的元素。索引号从 0 开始，因此首个元素的索引号是 0，而不是 1，并依次递增。如果索引值为负数，则表示从集合中的最后一个元素开始算起，最后一个元素表示为−1，并依次递减。当需要准确查找某个标签且这个标签没有 id 属性时，就会用到这个方法。

**语法格式**

```
$("选择器").eq("索引号")
```

**示例**

```
<!DOCTYPE html>
<html>
  <head>
    <title>jQuery 案例</title>
    <meta charset="UTF-8" />
    <style type="text/css">
      section{
          width:500px;
          border:2px solid #FF0000;
          margin:30px;
      }
      div{
          text-align:center;
          background-color:#DEE1E6;
          margin:5px;
      }
    </style>
```

```
        <script type="text/javascript" src="res/jquery/jquery-1.8.3.min.js">
</script>
        <script type="text/javascript">
          $(function(){
              $("input[type='button']").click(function(){
                var num = $("input[name='num']").val();
                $("div").eq(num).remove();
              });
          })
        </script>
      </head>
      <body>

        <section>
          <div>a</div>
          <div>b</div>
          <div>c</div>
          <div>d</div>
          <div>e</div>
          <div>f</div>
          <div>g</div>
          <input type="text" name="num" placeholder="请输入要删除的行号"><input
type="button" value="删除">
        </section>
      </body>
    </html>
```

**代码讲解**

```
var num = $("input[name='num']").val();
$("div").eq(num).remove();
```

按在输入框中输入的索引号移除对应的 div 标签。

$("input[name='num']").val()：获取在输入框中输入的索引号。

$("div").eq(num)：找到该索引号对应的 div 标签。

remove()：移除对应的 div 标签。

**运行效果**

在输入框中输入要删除的索引号，单击“删除”按钮删除索引号对应的 div 标签，如图 3-5 所示。

### 4. next()方法

next()方法用于返回被选元素的下一个同胞元素。使用该方法只返回一个元素，就像在一个家庭中查找一个家庭成员的所有弟弟妹妹中和其年龄最接近的一个。next()方法也可以传入选择器进行二次筛选。

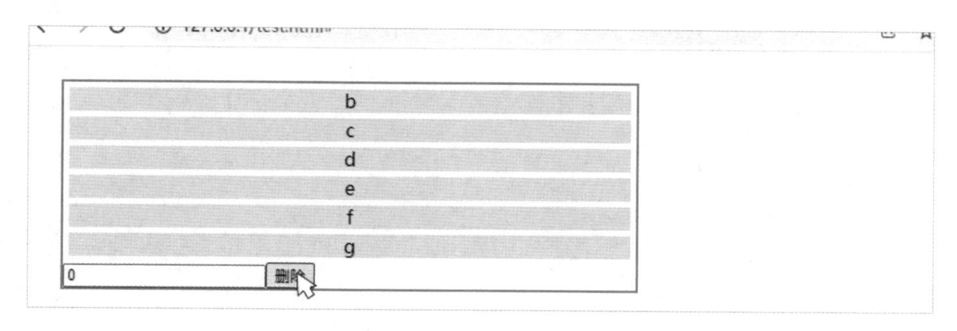


图 3-5　删除索引号对应的 div 标签

**语法格式**

```
$("选择器").next()
```

或者

```
$("选择器").next("选择器")
```

**示例**

```
<!DOCTYPE html>
<html>
  <head>
    <title>jQuery 案例</title>
    <meta charset="UTF-8" />
    <style type="text/css">
      section{
          width:500px;
          border:2px solid #FF0000;
      }
    </style>
    <script type="text/javascript" src="res/jquery/jquery-1.8.3.min.js">
</script>
    <script type="text/javascript">
      function removeTag(){
          $("section div:first").next().remove();
      }
    </script>
  </head>
  <body>

    <input type="button" value="移除下一个元素" onclick="removeTag()" />

    <br/><br/>
```

```
    <section>
      <div>第一个 div</div>
      <div>第二个 div</div>
      <div>第三个 div</div>
      <div>第四个 div</div>
      <div>第五个 div</div>
      <div>第六个 div</div>
      <div>第七个 div</div>
    </section>

  </body>
</html>
```

**代码讲解**

```
$("section div:first").next().remove();
移除 section 标签中第一个 div 标签的下一个同辈元素。
$("section div:first")：选定 section 标签中的第一个 div 标签。
next()：返回指定 HTML 元素的下一个同辈元素。
remove()：移除指定 HTML 元素。
```

**运行效果**

单击“移除下一个元素”按钮，删除第一个 div 标签的下一个同辈元素，即第二个 div 标签，如图 3-6 所示。

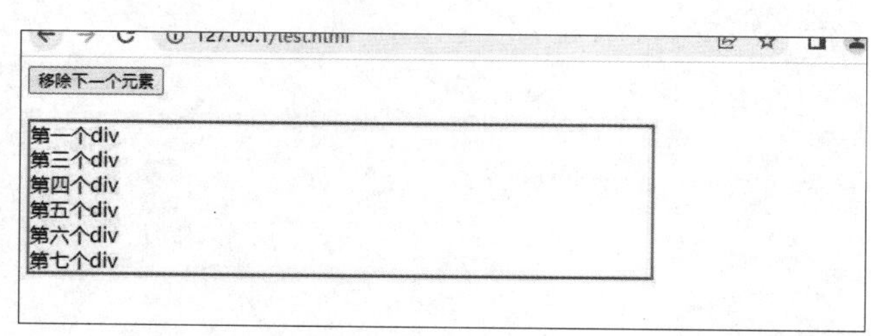


图 3-6　删除第一个 div 标签的下一个同辈元素

### 5. nextAll()方法

nextAll()方法用于查找被选元素之后所有的同辈元素，就像在一个家庭中查找一个家庭成员的所有弟弟妹妹。该方法也可以传入选择器，对查找到的元素进行二次筛选，就像在一个家庭中查找一个家庭成员的所有弟弟。

**语法格式**

```
$("选择器").nextAll()
```

或者

```
$("选择器").nextAll("选择器")
```

示例

```
<!DOCTYPE html>
<html>
  <head>
    <title>jQuery 案例</title>
    <meta charset="UTF-8" />
    <style type="text/css">
      section{
          width:500px;
          border:2px solid #FF0000;
      }
    </style>
    <script type="text/javascript" src="res/jquery/jquery-1.8.3.min.js">
</script>
    <script type="text/javascript">
      function removeTag(){
          $("section div:eq(2)").nextAll().remove();
      }
    </script>
  </head>
  <body>

    <input type="button" value="移除指定元素" onclick="removeTag()" />

    <br/><br/>

    <section>
      <div>第一个 div</div>
      <div>第二个 div</div>
      <div>第三个 div</div>
      <div>第四个 div</div>
      <div>第五个 div</div>
      <div>第六个 div</div>
      <div>第七个 div</div>
    </section>

  </body>
</html>
```

代码讲解

**$("section div:eq(2)").nextAll().remove();**

删除 section 标签中索引值为 2 的 div 标签后面的所有同辈标签。

```
$("section div:eq(2)")：找到 section 标签中索引值为 2 的 div 标签。
nextAll()：找到 section 标签中索引值为 2 的 div 标签后面的所有同辈标签。
remove()：删除所有找到的标签。
```

**运行效果**

单击“移除指定元素”按钮，删除 section 标签中索引值为 2 的 div 标签后面的所有同辈标签，如图 3-7 所示。

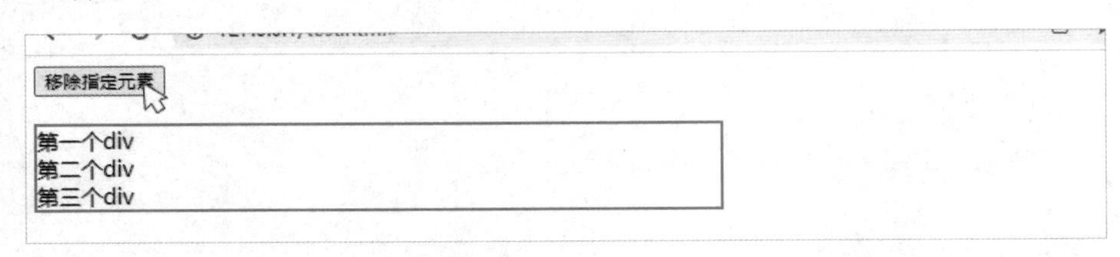


图 3-7　删除 section 标签中索引值为 2 的 div 标签后面的所有同辈标签

### 6. nextUntil()方法

nextUntil()方法用于选取每个匹配元素之后所有的同辈元素，直到遇到符合指定表达式的元素为止。最终选取的元素不包含两个边界元素。

**语法格式**

```
nextUntil("表达式","选择器")
```

nextUntil()方法的参数都是可选的，如果两个参数都为空，那么默认会选取指定元素后面的所有同辈元素，和 nextAll()方法的作用一样。

参数一：可以是 String、Element、jQuery 类型的，如果在当前匹配过程中遇到符合该表达式的元素，就停止当前匹配。

参数二：用于筛选匹配的元素。

**示例**

```
<!DOCTYPE html>
<html>
  <head>
    <title>jQuery 案例</title>
    <meta charset="UTF-8" />
    <style type="text/css">
      section{
          width:500px;
          border:2px solid #FF0000;
      }
    </style>
    <script type="text/javascript" src="res/jquery/jquery-1.8.3.min.js">
</script>
    <script type="text/javascript">
```

```
        function removeTag(){
            $("#d1").nextUntil("#d7","[id!='d4']").css("background-color",
"blue");
        }
      </script>
    </head>
    <body>

      <input type="button" value="选取同辈元素" onclick="removeTag()" />

      <br/><br/>

      <section>
        <div id="d1">第一个 div</div>
        <div id="d2">第二个 div</div>
        <div id="d3">第三个 div</div>
        <div id="d4">第四个 div</div>
        <div id="d5">第五个 div</div>
        <div id="d6">第六个 div</div>
        <div id="d7">第七个 div</div>
      </section>

    </body>
  </html>
```

**代码讲解**

**$("#d1").nextUntil("#d7","[id!='d4']").css("background-color","blue");**

选取 id 为“d1”的元素到 id 为“d7”的元素之间的所有 id 不为“d4”的同辈元素。

$("#d1")：找到 id 为“d1”的元素。

nextUntil("#d7","[id!='d4']")：找到指定元素到 id 为“d7”的元素之间的所有同辈元素，然后筛选出 id 不为“d4”的元素。

**运行效果**

单击“选取同辈元素”按钮，将选取到的元素背景变为蓝色，如图 3-8 所示。

图 3-8　改变选取到的元素的背景颜色

jQuery 的更多筛选方法如表 3-1 所示。

表 3-1　jQuery 的更多筛选方法

| 语法格式 | 描述 |
| --- | --- |
| hasClass() | 检查当前元素是否含有某个特定的 class，如果有，则返回 true |
| filter() | 筛选出与指定表达式匹配的元素集合 |
| map() | 将一组元素转换成数组 |
| not() | 删除与指定表达式匹配的元素 |
| slice() | 选取一个匹配的子集 |
| children() | 返回子元素的集合 |
| find() | 搜索与指定表达式匹配的元素 |
| prev() | 取得当前元素前面紧邻的同辈元素的集合 |
| prevAll() | 取得当前元素前面所有的同辈元素 |
| prevUntil() | 查找当前元素前面所有的同辈元素，直到遇到匹配的元素为止 |

注：除上述方法外，jQuery 的筛选方法还有很多，在此就不一一介绍了。

## 【知识链接】文档处理

jQuery 为我们提供了一系列文档处理方法，用于实现文档中 HTML 元素的处理。

### 1. append()方法

append()方法用于向每个匹配的元素内部的结尾处追加内容，既可以追加标签，也可以追加文本。在使用留言板功能发布留言时，就可以使用这个方法来添加一条留言。

**语法格式**

```
$("选择器").append(插入的内容)
```

**示例**

```
<!DOCTYPE html>
<html>
  <head>
    <title>jQuery 案例</title>
    <meta charset="UTF-8" />
    <style type="text/css">
      section{
          width:500px;
          border:2px solid #FF0000;
      }
    </style>
    <script type="text/javascript" src="res/jquery/jquery-1.8.3.min.js">
</script>
```

```
    <script type="text/javascript">
      function addText(){
          $("section").append("<p>追加的文本。</p>");
      }
    </script>
  </head>
  <body>

    <input type="button" value="追加内容" onclick="addText()" />

    <br/><br/>

    <section>这是 section 标签</section>

  </body>
</html>
```

**代码讲解**

```
$("section").append("<p>追加的文本。</p>");
向 section 标签内部的结尾位置插入内容。
append("…")：用于向指定 HTML 元素内部的结尾处插入内容。
"<p>追加的文本。</p>"：要插入 HTML 元素内部的内容。
```

**运行效果**

单击“追加内容”按钮，向 section 标签内部的结尾处插入一个 p 标签，如图 3-9 所示。

图 3-9　向 section 标签内部的结尾处插入一个 p 标签 1

### 2. appendTo()方法

appendTo()方法用于把所有匹配的元素追加到另一个指定的元素中。实际上，使用这个方法相当于颠倒了常规的$(A).append(B)操作，即不是把 B 追加到 A 中，而是把 A 追加到 B 中。appendTo()方法只能用于追加标签。

**语法格式**

```
$("需要追加的内容").appendTo("用于被追加的内容")
```

示例

```
<!DOCTYPE html>
<html>
  <head>
    <title>jQuery 案例</title>
    <meta charset="UTF-8" />
    <style type="text/css">
      section{
          width:500px;
          border:2px solid #FF0000;
      }
    </style>
    <script type="text/javascript" src="res/jquery/jquery-1.8.3.min.js">
</script>
    <script type="text/javascript">
      function addText(){
        $("<p>追加的文本。</p>").appendTo("section");
      }
    </script>
  </head>
  <body>

    <input type="button" value="追加内容" onclick="addText()" />

    <br/><br/>

    <section>这是 section 标签</section>

  </body>
</html>
```

代码讲解

**$("<p>追加的文本。</p>").appendTo("section");**

向 section 标签内部的结尾位置插入内容。

$("<p>追加的文本。</p>")：要插入 HTML 元素内部的内容。

appendTo("…")：用于指定要插入哪个 HTML 元素内部的结尾处。

运行效果

单击“追加内容”按钮，向 section 标签内部的结尾处插入一个 p 标签，如图 3-10 所示。

3. prepend()方法

prepend()方法用于向每个匹配的元素内部前置内容。当需要把新添加的标签显示到最前面时，就可以使用这个方法。使用 prepend()方法既可以添加标签，也可以添加文本。

图 3-10 向 section 标签内部的结尾处插入一个 p 标签 2

**语法格式**

```
$("选择器").prepend(插入的内容)
```

**示例**

```
<!DOCTYPE html>
<html>
  <head>
    <title>jQuery 案例</title>
    <meta charset="UTF-8" />
    <style type="text/css">
      section{
          width:500px;
          border:2px solid #FF0000;
      }
    </style>
    <script type="text/javascript" src="res/jquery/jquery-1.8.3.min.js">
</script>
    <script type="text/javascript">
      function addText(){
        $("section").prepend("<p>追加文本。</p>");
      }
    </script>
  </head>
  <body>

    <input type="button" value="追加内容" onclick="addText()" />

    <br/><br/>
    <section>这是 section 标签</section>

  </body>
</html>
```

**代码讲解**

```
    $("section").prepend("<p>追加文本。</p>");
   向 section 标签内部的起始位置插入内容。
   prepend("…")：用于向指定 HTML 元素内部的起始处插入内容。
   "<p>追加文本。</p>"：要插入 HTML 元素内部的内容。
```

**运行效果**

单击“追加内容”按钮，向 section 标签内部的起始处插入一个 p 标签，如图 3-11 所示。

图 3-11　向 section 标签内部的起始处插入一个 p 标签 1

4. prependTo()方法

prependTo()方法用于把所有匹配的元素前置到另一个指定的元素中。实际上，使用这个方法相当于颠倒了常规的$(A).prepend(B)操作，即不是把 B 前置到 A 中，而是把 A 前置到 B 中。使用 prependTo()方法只能添加标签，不能直接添加文本。

**语法格式**

```
$("需要前置的内容"). prependTo("被前置的内容")
```

**示例**

```
<!DOCTYPE html>
<html>
  <head>
    <title>jQuery 案例</title>
    <meta charset="UTF-8" />
    <style type="text/css">
      section{
          width:500px;
          border:2px solid #FF0000;
      }
    </style>
    <script type="text/javascript" src="res/jquery/jquery-1.8.3.min.js">
</script>
    <script type="text/javascript">
      function addText(){
```

```
        $("<p>追加的文本。</p>"). prependTo("section");
      }
    </script>
  </head>
  <body>

    <input type="button" value="追加内容" onclick="addText()" />

    <br/><br/>

    <section>这是 section 标签</section>

  </body>
</html>
```

**代码讲解**

```
$("<p>追加的文本。</p>"). prependTo("section");
向 section 标签内部的起始位置插入内容。
$("<p>追加的文本。</p>")：要插入 HTML 元素内部的内容。
prependTo("…")：用于指定要插入哪个 HTML 元素中。
```

**运行效果**

单击“追加内容”按钮，向 section 标签内部的起始处插入一个 p 标签，如图 3-12 所示。

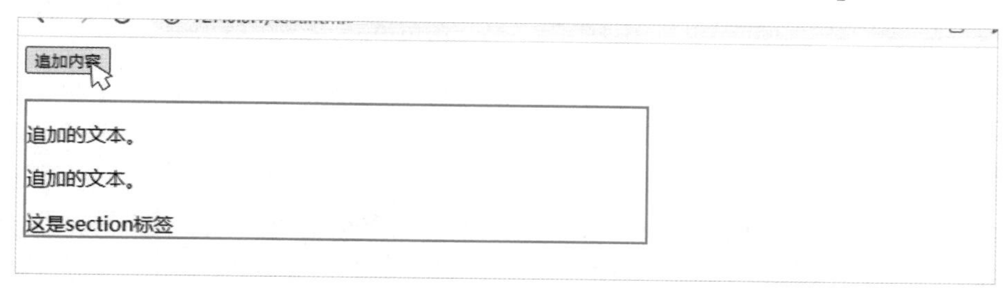


图 3-12　向 section 标签内部的起始处插入一个 p 标签 2

### 5. after()方法

after()方法用于在被选元素之后插入内容，就像在多行表格的后面再添加一行表格。使用 after()方法可以直接添加标签或文本。

**语法格式**

```
$("选择器").after(插入的内容)
```

**示例**

```
<!DOCTYPE html>
<html>
  <head>
    <title>jQuery 案例</title>
```

```
        <meta charset="UTF-8" />
        <style type="text/css">
          section{
              width:500px;
              border:2px solid #FF0000;
          }
        </style>
        <script type="text/javascript" src="res/jquery/jquery-1.8.3.min.js">
</script>
        <script type="text/javascript">
          function addText(){
              $("section").after("<div>这是新的 div 标签</div >")
          }
        </script>
      </head>
      <body>

        <input type="button" value="添加" onclick="addText()" />

        <br/><br/>

        <section>这是 section 标签</section>

      </body>
    </html>
```

**代码讲解**

**$("section").after("<div>这是新的 div 标签</div >")**

在 section 标签后面插入 div 标签。

$("section")：使用标签选择器找到 section 标签。

after("<div>这是新的 div 标签</div >")：在指定的标签后面插入“<div>这是新的 div 标签</div >”。

**运行效果**

单击“添加”按钮，在 section 标签的下面增加了一个 div 标签，如图 3-13 所示。

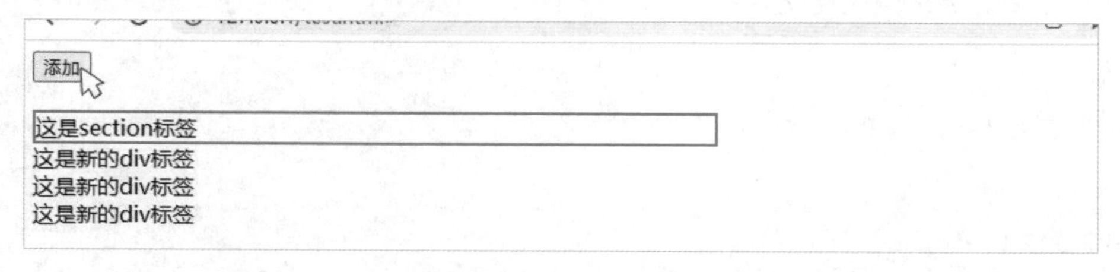


图 3-13　在 section 标签后面增加 div 标签

### 6. before()方法

before()方法用于在被选元素之前插入内容，就像在多行表格的前面再添加一行表格。使用 before()方法可以直接添加标签或文本。

**语法格式**

```
$("选择器"). before(插入的内容)
```

**示例**

```
<!DOCTYPE html>
<html>
  <head>
    <title>jQuery 案例</title>
    <meta charset="UTF-8" />
    <style type="text/css">
      section{
          width:500px;
          border:2px solid #FF0000;
      }
    </style>
    <script type="text/javascript" src="res/jquery/jquery-1.8.3.min.js">
</script>
    <script type="text/javascript">
      function addText(){
          $("section").before("<div>这是新的 div 标签</div>")
      }
    </script>
   </head>
   <body>

    <input type="button" value="添加" onclick="addText()" />

    <br/><br/>

    <section>这是 section 标签</section>

   </body>
  </html>
```

**代码讲解**

```
$("section").before("<div>这是新的 div 标签</div>")
在 section 标签前面插入 div 标签。
$("section")：使用标签选择器找到 section 标签。
```

before("<div>这是新的 div 标签</div >")：在指定的标签前面插入"<div>这是新的 div 标签</div >"。

**运行效果**

单击"添加"按钮，在 section 标签的前面增加了一个 div 标签，如图 3-14 所示。

图 3-14　在 section 标签前面增加 div 标签

7. remove()方法

remove()方法用于移除指定的 HTML 元素及其所有的子节点和文本。

**语法格式**

```
$("选择器").remove()
```

**示例**

```
<!DOCTYPE html>
<html>
  <head>
    <title>jQuery 案例</title>
    <meta charset="UTF-8" />
    <style type="text/css">
      section{
          width:500px;
          border:2px solid #FF0000;
      }
    </style>
    <script type="text/javascript" src="res/jquery/jquery-1.8.3.min.js">
</script>
    <script type="text/javascript">
      function removeTag(){
          $("p").remove();
      }
    </script>
  </head>
  <body>

    <input type="button" value="移除所有 p 标签" onclick="removeTag()" />
```

```
    <br/><br/>

    <section>
      这是 section 标签
      <p>这是一个段落</p>
      <p>这是一个段落</p>
      <p>这是一个段落</p>
    </section>

  </body>
</html>
```

**代码讲解**

```
$("p").remove();
```

移除文档中的所有 p 标签。

**运行效果**

单击“移除所有 p 标签”按钮，删除 section 标签中的所有 p 标签，如图 3-15 所示。

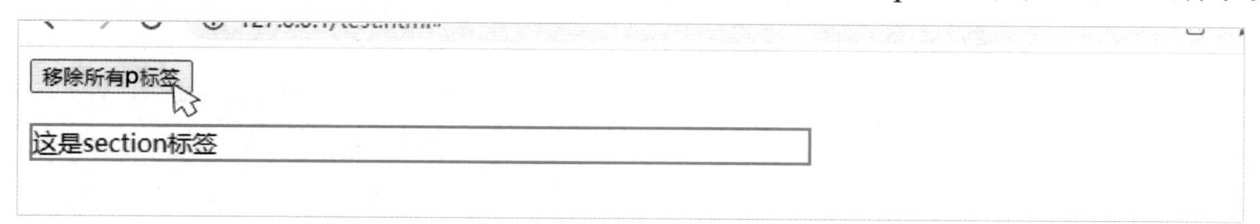


图 3-15　移除所有 p 标签

### 8. empty()方法

empty()方法用于移除指定 HTML 元素的所有子节点和内容，但不移除 HTML 元素本身。

**语法格式**

```
$("选择器").empty()
```

**示例**

```
<!DOCTYPE html>
<html>
  <head>
    <title>jQuery 案例</title>
    <meta charset="UTF-8" />
    <style type="text/css">
     div{
         width:500px;
         border:2px solid #FF0000;
     }
```

```
    </style>
    <script type="text/javascript" src="res/jquery/jquery-1.8.3.min.js">
</script>
    <script type="text/javascript">
      function removeContent(){
          $("div").empty();
      }
    </script>
  </head>
  <body>

    <input type="button" value="移除div块中的内容" onclick="removeContent()" />

    <br/><br/>

    <div>
      这是div标签
      <p>这是一个段落</p>
      <p>这是一个段落</p>
      <p>这是一个段落</p>
    </div>

  </body>
</html>
```

**代码讲解**

```
$("div").empty();
移除div标签的所有子节点和内容，但不包括div标签。
```

**运行效果**

单击“移除 div 块中的内容”按钮，移除 div 标签中的所有内容，但不包括 div 标签，如图 3-16 所示。

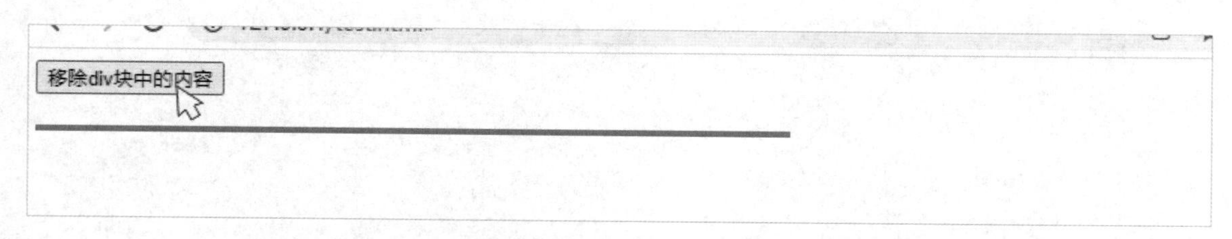


图 3-16　移除 div 标签中的所有内容（不包括 div 标签）

9. clone()方法

clone()方法用于克隆 HTML 元素，也可以自己设置是否克隆元素的事件处理函数。

**语法格式**

```
$("b").clone("是否克隆事件处理函数")
```

**示例**

```
<!DOCTYPE html>
<html>
  <head>
    <title>jQuery 案例</title>
    <meta charset="UTF-8" />
    <style type="text/css">
      section{
          width:500px;
          border:2px solid #FF0000;
      }
    </style>
    <script type="text/javascript" src="res/jquery/jquery-1.8.3.min.js">
</script>
    <script type="text/javascript">
      function addText(){
          $("section").clone().appendTo("body");
      }
    </script>
  </head>
  <body>

    <input type="button" value="克隆" onclick="addText()" />

    <br/><br/>

    <section>这是 section 标签</section>

  </body>
</html>
```

**代码讲解**

**`$("section").clone().appendTo("body");`**

克隆所有的 section 标签，并把克隆出的标签添加到 body 标签中。

`$("section").clone()`：找到所有的 section 标签并进行克隆。

`appendTo("body")`：把克隆出的标签添加到 body 标签中。

**运行效果**

单击“克隆”按钮，页面中 section 标签的数量翻倍，如图 3-17 所示。

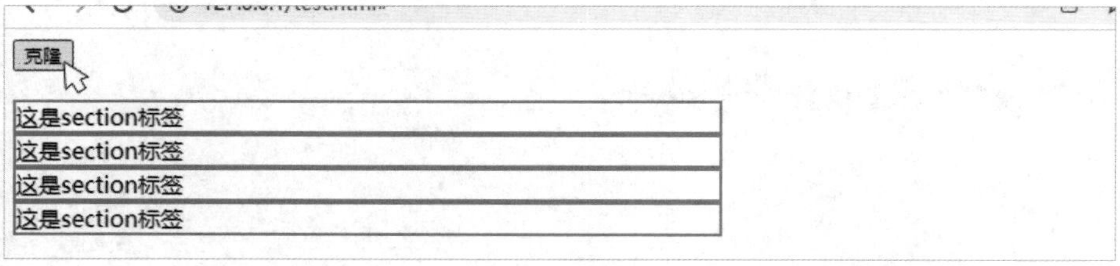

克隆

这是section标签
这是section标签
这是section标签
这是section标签

图 3-17　克隆标签

jQuery 的更多文档处理方法如表 3-2 所示。

表 3-2　jQuery 的更多文档处理方法

| 语法格式 | 描述 |
| --- | --- |
| after() | 在指定 HTML 元素之后插入内容 |
| before() | 在指定 HTML 元素之前插入内容 |
| insertAfter() | 将一个 HTML 元素插入到另一个 HTML 元素之后 |
| insertBefore() | 将一个 HTML 元素插入到另一个 HTML 元素之前 |
| wrap() | 将一个 HTML 元素用其他 HTML 元素包裹起来 |
| wrapAll() | 将所有匹配元素用单个元素包裹起来 |
| replaceWith() | 将所有匹配元素替换成指定的 HTML 或 DOM 元素 |

注：除上述方法外，jQuery 的文档处理方法还有很多，在此就不一一介绍了。

## 【知识链接】元素遍历

通过选择器找到多个 HTML 元素后，如果想要对这些 HTML 元素进行批量操作，就需要对它们进行遍历。

jQuery 中的 each()方法用于实现对象或数组的遍历功能。需要在函数中添加一个回调函数，这个回调函数和普通 for 循环的循环体类似。

**语法格式**

```
$("选择器").each(function( 索引下标,当前元素){
  …
})
```

回调函数中的第二个参数并不是 jQuery 对象，如果想要使用 jQuery 对象的方法，则需要使用$()方法将其转换成 jQuery 对象。

**示例**

```
<!DOCTYPE html>
<html>
  <head>
    <title>jQuery 案例</title>
    <meta charset="utf-8">
```

```
    <script type="text/javascript" src="res/jquery/jquery-1.8.3.min.js">
</script>
    <script type="text/javascript">
     $(function(){
        $("div").css({
           "width":"200px",
           "height":"50px",
           "line-height":"50px",
           "text-align":"center",
           "border":"1px solid #000000",
           "margin-top":"10px",
        });
     })
     function setDiv(){

        var colorList = ["red","blue","yellow","green","pink","gray",
"purple"];

        $("div").each(function(i){
           $(this).css("background-color",colorList[i]);
        });
     }
    </script>
   </head>
   <body>

    <input type="button" value="遍历" onclick="setDiv()" />

    <br/><br/>

    <div>色块一</div>
    <div>色块二</div>
    <div>色块三</div>
    <div>色块四</div>
    <div>色块五</div>
    <div>色块六</div>
    <div>色块七</div>

   </body>
  </html>
```

**代码讲解**

1. 设置标签样式

```
$("div").css({
        "width":"200px",
        "height":"50px",
        "line-height":"50px",
        "text-align":"center",
        "border":"1px solid #000000",
        "margin-top":"10px",
});
```

通过标签选择器设置文档中所有 div 标签的显示样式。

2. 遍历对象

```
$("div").each(function(i){
        $(this).css("background-color",colorList[i]);
});
```

使用 each()方法遍历选择器选中的多个 div 标签对象，并分别设置标签背景颜色。

$("div")：标签选择器，用于选定当前文档中的所有 div 标签。

each(…)：用于遍历选择器选中的每个标签对象。

function(i){…}：每当使用 each()方法遍历出一个标签对象时，都要执行的回调函数。其参数代表当前标签对象在整个选择器中的索引下标。

**运行效果**

单击“遍历”按钮，按照数组中的顺序从上到下给 div 标签添加背景颜色，如图 3-18 所示。

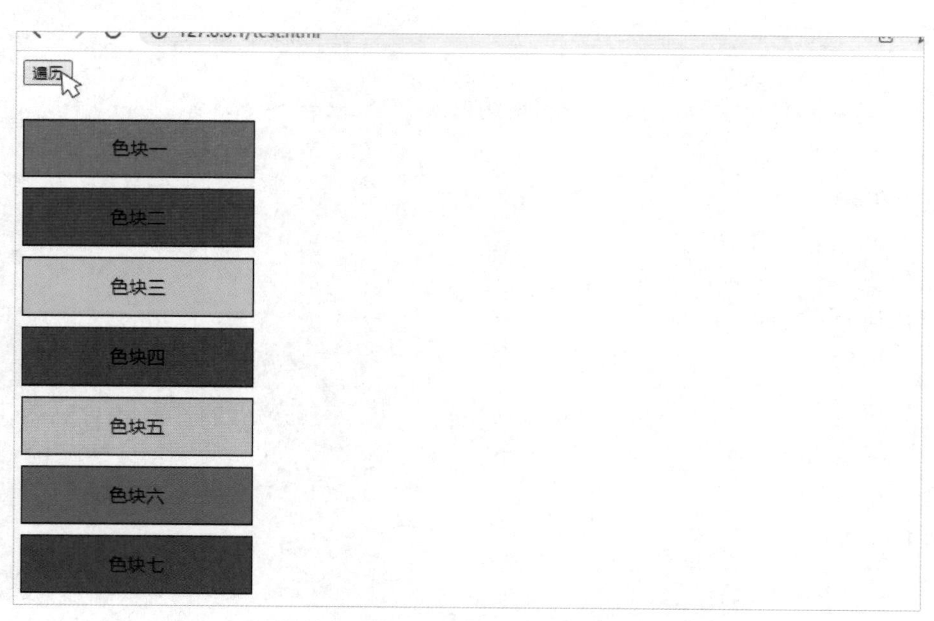


图 3-18 遍历 div 标签更改背景颜色

## 步骤 2：提交表单

当我们需要触发表单的提交事件或判断用户提交的表单内容是否合法时，就需要使用 jQuery 提供的 submit()方法。该方法用于实现表单的相关操作并在回调函数中对表单内容进行合法性检查。

### 【知识链接】submit()方法

当提交表单时，会触发 submit 事件。该事件只适用于<form>元素。使用 submit()方法触发 submit 事件，或规定当触发 submit 事件时运行的函数。该方法一般用于在提交表单时判断输入数据的合法性。

#### 1. 触发 submit 事件

submit()方法在功能上与 trigger("submit")相同，用于触发表单的提交事件。

**语法格式**

```
$("选择器").submit()
```

**示例**

```
<!DOCTYPE html>
<html>
  <head>
    <title>jQuery 案例</title>
    <meta charset="utf-8" />
    <script type="text/javascript" src="res/jquery/jquery-1.8.3.min.js">
</script>
    <script type="text/javascript">
      function submitForm(){
          $("form").submit();
      }
    </script>
  </head>
  <body>

    <form method="get" action="http://www.???.com">
      登录名称：<input type="text" name="userName" /><br/>
      登录密码：<input type="password" name="password" /><br/>
      <input type="button" value="提交" onclick="submitForm()" />
    </form>

  </body>
</html>
```

**代码讲解**

```
$("form").submit();
```

使用 submit()方法触发 form 表单的 submit 事件。

**运行效果**

单击“提交”按钮，执行表单提交事件，页面跳转到指定页面，如图 3-19 所示。

图 3-19　表单提交

### 2. 表单验证

submit()方法可以绑定一个处理函数，用于实现表单验证功能。若处理函数返回值为 true，则提交表单；否则，不提交表单。

**语法格式**

```
$("选择器").submit( 处理函数 )
```

**示例**

```
<!DOCTYPE html>
<html>
  <head>
    <title>jQuery 案例</title>
    <meta charset="utf-8" />
    <script type="text/javascript" src="res/jquery/jquery-1.8.3.min.js">
</script>
    <script type="text/javascript">
      $(function(){
          $("form").submit(function(){
              if($("#userName").val() == ""){
                  alert("登录名称不能为空！");
                  $("#userName").focus();
                  return false;
              }
              else if($("#password").val() == ""){
                  alert("登录密码不能为空！");
                  $("#password").focus();
                  return false;
              }
          });
      })
```

```
    </script>
  </head>
  <body>

    <form method="get" action="http://www.???.com">
      登录名称：<input type="text" id="userName" name="userName" /><br/>
      登录密码：<input type="password" id="password" name="password" /><br/>
      <input type="submit" value="提交" />
    </form>

  </body>
</html>
```

**代码讲解**

```
1. 绑定处理函数
    $("form").submit(function(){
        …
    });
    使用 submit()方法为 form 表单的 submit 事件绑定处理函数。
    function(){…}：当 form 表单的 submit 事件被触发时将要调用的处理函数。

2. 获得焦点
    $("#userName").focus();
    使用 focus()方法使 id 名称为 userName 的表单元素获得焦点。
```

**运行效果**

单击“提交”按钮，如图 3-20 所示，如果登录名称为空，则提示“登录名称不能为空!”，并把焦点放到“登录名称”文本框内；如果登录密码为空，则提示“登录密码不能为空!”，并把焦点放到“登录密码”文本框内；如果两者都不为空，则页面跳转到指定页面。

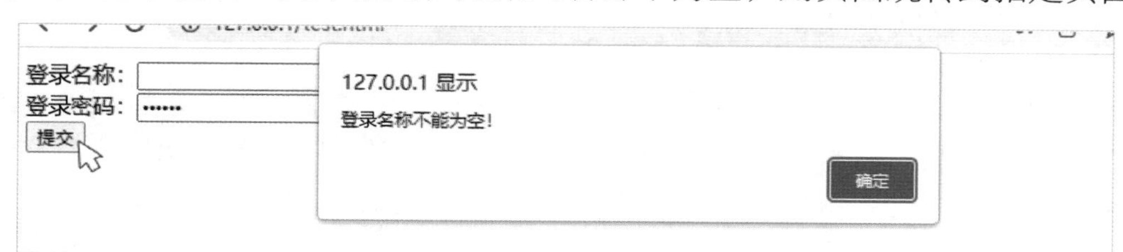


图 3-20　表单验证

## 步骤 3：制作反馈信息效果

当表单验证完毕后，需要向用户反馈表单的验证结果。为了交互效果更好，就需要用到 jQuery 动画。

## 【知识链接】jQuery 动画

jQuery 动画是 jQuery 提供给我们的一些可以实现简单的动画效果的方法。

### 1. show()方法

show()方法用于显示 HTML 元素，其有 3 种语法格式，可以设置动画的执行速度和执行完成后要进行的操作。

**语法格式**

（1）显示 HTML 元素。

```
$("选择器").show()
```

（2）规定显示效果的速度。

```
$("选择器").show(速度)
```

（3）回调函数。

```
$("选择器").show(速度,回调函数)
```

**示例**

```
<!DOCTYPE html>
<html>
  <head>
    <title>jQuery 案例</title>
    <meta charset="utf-8">
    <style type="text/css">
      div{
          width:200px;
          height:150px;
          background-color:#FF0000;
          display:none;
      }
    </style>
    <script type="text/javascript" src="res/jquery/jquery-1.8.3.min.js">
</script>
    <script type="text/javascript">
      function showDiv(){
          $("div").show(1000,function(){
              alert("动画执行完成！");
          });
      }
    </script>
  </head>
  <body>
```

```
    <input type="button" value="显示" onclick="showDiv()" />

    <br/><br/>

    <div></div>

  </body>
</html>
```

**代码讲解**

```
$("div").show(1000,function(){
    alert("动画执行完成！");
});
```

使用 show() 方法显示标签名称为 div 的 HTML 元素。

1000：显示效果的速度。规定 HTML 元素在 1000 毫秒内显示完成。

function(){…}：显示效果完成后将要回调的函数。

**运行效果**

单击“显示”按钮，div 标签在 1000 毫秒内显示完成，并弹出提示框，显示“动画执行完成!”，如图 3-21 所示。

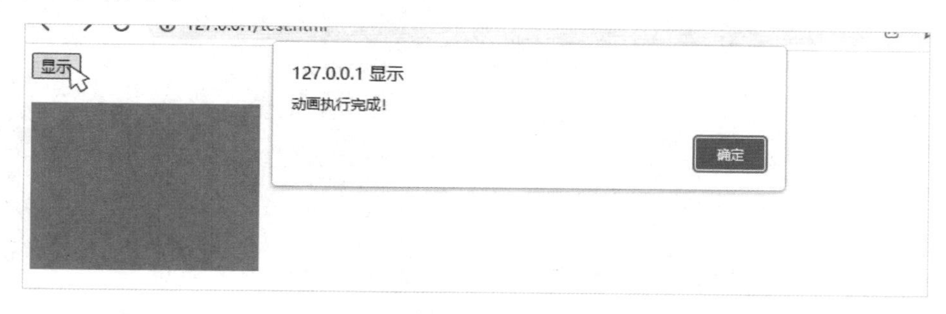


图 3-21　标签显示

### 2. hide()方法

hide()方法用于隐藏 HTML 元素，其有 3 种语法格式，可以设置动画的执行速度和执行完成后要进行的操作。

**语法格式**

（1）隐藏 HTML 元素。

```
$("选择器").hide()
```

（2）规定隐藏效果的速度。

```
$("选择器").hide(速度)
```

（3）回调函数。

```
$("选择器").hide(速度,回调函数)
```

示例

```
<!DOCTYPE html>
<html>
  <head>
    <title>jQuery 案例</title>
    <meta charset="utf-8">
    <style type="text/css">
      div{
          width:200px;
          height:150px;
          background-color:#FF0000;
      }
    </style>
    <script type="text/javascript" src="res/jquery/jquery-1.8.3.min.js">
</script>
    <script type="text/javascript">
      function hideDiv(){
          $("div").hide(1000,function(){
              alert("动画执行完成！");
          });
      }
    </script>
  </head>
  <body>

    <input type="button" value="隐藏" onclick="hideDiv()" />

    <br/><br/>

    <div></div>

  </body>
</html>
```

代码讲解

```
$("div").hide(1000,function(){
    alert("动画执行完成！");
});
```

使用 hide() 方法隐藏标签名称为 div 的 HTML 元素。

1000：隐藏效果的速度。规定 HTML 元素在 1000 毫秒内隐藏完成。

function(){…}：隐藏效果完成后将要回调的函数。

**运行效果**

单击“隐藏”按钮，div 标签在 1000 毫秒内隐藏完成，并弹出提示框，显示“动画执行完成!”，如图 3-22 所示。

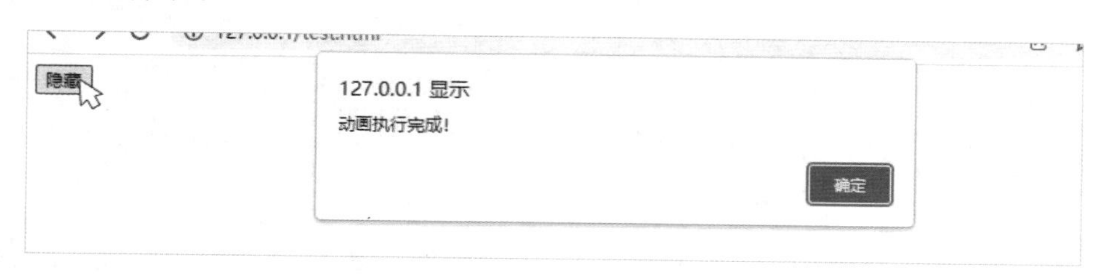


图 3-22　标签隐藏

### 3. slideDown()方法

slideDown()方法用于以滑动的方式显示 HTML 元素，其有 3 种语法格式，可以设置动画的执行速度和执行完成后要进行的操作。

**语法格式**

（1）显示 HTML 元素。

```
$("选择器").slideDown()
```

（2）规定显示效果的速度。

```
$("选择器").slideDown(速度)
```

（3）回调函数。

```
$("选择器").slideDown(速度,回调函数)
```

**示例**

```
<!DOCTYPE html>
<html>
  <head>
    <title>jQuery 案例</title>
    <meta charset="utf-8">
    <style type="text/css">
      div{
          width:200px;
          height:150px;
          background-color:#FF0000;
          display: none;
      }
    </style>
    <script type="text/javascript" src="res/jquery/jquery-1.8.3.min.js">
</script>
    <script type="text/javascript">
      function showDiv(){
```

```
            $("div").slideDown(100);
        }
    </script>
  </head>
  <body>

    <input type="button" value="显示" onclick="showDiv()" />

    <br/><br/>

    <div></div>

  </body>
</html>
```

**代码讲解**

```
$("div").slideDown(100);
```

使用 slideDown()方法以滑动的方式显示标签名称为 div 的 HTML 元素。

100：显示效果的速度。规定 HTML 元素在 100 毫秒内显示完成。

**运行效果**

单击“显示”按钮，div 标签以滑动的方式在 100 毫秒内显示完成，如图 3-23 所示。

图 3-23　标签以滑动的方式显示

### 4. slideUp()方法

slideUp()方法用于以滑动的方式隐藏 HTML 元素，其有 3 种语法格式，可以设置动画的执行速度和执行完成后要进行的操作。

**语法格式**

（1）隐藏 HTML 元素。

```
$("选择器").slideUp()
```

（2）规定隐藏效果的速度。

```
$("选择器").slideUp(速度)
```

（3）回调函数。

```
$("选择器").slideUp(速度,回调函数)
```

**示例**

```
<!DOCTYPE html>
<html>
  <head>
    <title>jQuery 案例</title>
    <meta charset="utf-8">
    <style type="text/css">
      div{
          width:200px;
          height:150px;
          background-color:#FF0000;
      }
    </style>
    <script type="text/javascript" src="res/jquery/jquery-1.8.3.min.js">
</script>
    <script type="text/javascript">
      function hideDiv(){
          $("div").slideUp(100);
      }
    </script>
  </head>
  <body>

    <input type="button" value="隐藏" onclick="hideDiv()" />

    <br/><br/>

    <div></div>

  </body>
</html>
```

**代码讲解**

**$("div").slideUp(100);**

使用 slideUp()方法以滑动的方式隐藏标签名称为 div 的 HTML 元素。

100：隐藏效果的速度。规定 HTML 元素在 100 毫秒内隐藏完成。

**运行效果**

单击“隐藏”按钮，div 标签以滑动的方式在 100 毫秒内隐藏完成，如图 3-24 所示。

图 3-24　标签以滑动的方式隐藏

### 5. fadeIn()方法

fadeIn()方法用于以淡入的方式显示 HTML 元素，其有 3 种语法格式，可以设置动画的执行速度和执行完成后要进行的操作。

**语法格式**

（1）显示 HTML 元素。

```
$("选择器").fadeIn()
```

（2）规定显示效果的速度。

```
$("选择器").fadeIn(速度)
```

（3）回调函数。

```
$("选择器").fadeIn(速度,回调函数)
```

**示例**

```
<!DOCTYPE html>
<html>
  <head>
    <title>jQuery 案例</title>
    <meta charset="utf-8">
    <style type="text/css">
      div{
          width:200px;
          height:150px;
          background-color:#FF0000;
          display: none;
      }
    </style>
    <script type="text/javascript" src="res/jquery/jquery-1.8.3.min.js">
</script>
    <script type="text/javascript">
      function showDiv(){
          $("div").fadeIn(800);
      }
    </script>
  </head>
  <body>
```

```
    <input type="button" value="显示" onclick="showDiv()" />

    <br/><br/>

    <div></div>

  </body>
</html>
```

**代码讲解**

```
$("div").fadeIn(800);
```

使用 fadeIn()方法以淡入的方式显示标签名称为 div 的 HTML 元素。

800：显示效果的速度。规定 HTML 元素在 800 毫秒内显示完成。

**运行效果**

单击“显示”按钮，div 标签以淡入的方式在 800 毫秒内显示完成，如图 3-25 所示。

图 3-25　标签以淡入的方式显示

### 6. fadeOut()方法

fadeOut()方法用于以淡出的方式隐藏 HTML 元素，其有 3 种语法格式，可以设置动画的执行速度和执行完成后要进行的操作。

**语法格式**

（1）隐藏 HTML 元素。

```
$("选择器").fadeOut()
```

（2）规定隐藏效果的速度。

```
$("选择器").fadeOut(速度)
```

（3）回调函数。

```
$("选择器").fadeOut(速度,回调函数)
```

**示例**

```
<!DOCTYPE html>
<html>
  <head>
    <title>jQuery 案例</title>
```

```
        <meta charset="utf-8">
        <style type="text/css">
          div{
              width:200px;
              height:150px;
              background-color:#FF0000;
          }
        </style>
        <script type="text/javascript" src="res/jquery/jquery-1.8.3.min.js">
</script>
        <script type="text/javascript">
          function hideDiv(){
              $("div").fadeOut(800);
          }
        </script>
      </head>
      <body>

        <input type="button" value="隐藏" onclick="hideDiv()" />

        <br/><br/>

        <div></div>

      </body>
    </html>
```

代码讲解

**$("div").fadeOut(800);**

使用 fadeOut()方法以淡出的方式隐藏标签名称为 div 的 HTML 元素。

800：隐藏效果的速度。规定 HTML 元素在 800 毫秒内隐藏完成。

运行效果

单击“隐藏”按钮，div 标签以淡出的方式在 800 毫秒内隐藏完成，如图 3-26 所示。

图 3-26　标签以淡出的方式隐藏

### 7. animate()方法

animate()方法用于创建自定义动画，可以通过设置标签的 CSS 样式将其从一种状态改变为另一种状态。

**语法格式**

（1）操作元素的 CSS 样式。

```
$("选择器").animate({CSS 属性:'CSS 属性值'})
```

（2）规定动画运行的速度。

```
$("选择器").animate({CSS 属性:'CSS 属性值'},速度)
```

（3）回调函数。

```
$("选择器").animate({CSS 属性:'CSS 属性值'},速度,回调函数)
```

**参数介绍**

- 在调用 animate()方法时，第一个参数必须填写，可以同时使用多个 CSS 属性，中间以逗号隔开，如$("div").animate({left:'250px',height:'150px'})。
- animate()方法的 CSS 属性值可以使用相对值（该值相对于元素的当前值），需要在值的前面加上+=或-=，如$("div").animate({height:'+=150px',width:'+=150px'})。
- animate()方法的 CSS 属性值也可以使用预定义的值，把属性值设置为“show”、“hide”或“toggle”，如$("div").animate({height:'show'})。
- 在设置动画的速度时可以取“slow”、“fast”或毫秒，如$("div").animate({height: 'show'}, 'slow')。

**示例**

```
<!DOCTYPE html>
<html>
  <head>
    <title>jQuery 案例</title>
    <meta charset="utf-8" />
    <style type="text/css">
        .main{
            width:250px;
            height:250px;
        }
        .body{
            width:20px;
            height:20px;
            line-height:150px;
            background-color:red;
            color:#FFFFFF;
```

```
            text-align:center;
            font-weight:bold;
            position:relative;
         }
      </style>
      <script type="text/javascript" src="res/jquery/jquery-1.8.3.min.js">
</script>
      <script type="text/javascript">
         function clickMethod(){
            $(".body").animate({width:'250px'});
            $(".body").animate({width:'20px',left:'230px'});

            $(".body").animate({height:'250px'});
            $(".body").animate({height:'20px',top:'230px'},function(){
               $(".body").css('top','0px');
               $(".body").css('left','0px');
            });
         }
      </script>
    </head>
    <body>

      <input type="button" value="动画开始" onclick="clickMethod()" />

      <br/><br/>
      <div class="main"><div class="body"></div></div>
    </body>
  </html>
```

**代码讲解**

```
$(".body").animate({width:'250px'});
$(".body").animate({width:'20px',left:'230px'});

$(".body").animate({height:'250px'});
$(".body").animate({height:'20px',top:'230px'},function(){
    $(".body").css('top','0px');
    $(".body").css('left','0px');
});
```

通过使用 animate()方法更改 div 标签的宽高和偏移量来实现动画效果。

$(".body").animate({width:'250px'}): 把 class 属性为 body 的 div 标签的宽增加到 250px。

$(".body").animate({width:'20px',left:'230px'}): 把 class 属性为 body 的

div 标签的宽减少到 20px，并把左端偏移量增加到 230px。

$(".body").animate({height:'250px'})：把 class 属性为 body 的 div 标签的高增加到 250px。

```
$(".body").animate({height:'20px',top:'230px'},function(){
    $(".body").css('top','0px');
    $(".body").css('left','0px');
});
```

把 class 属性为 body 的 div 标签的高减少到 20px，并把顶端偏移量增加到 230px。当这个动画执行完成后，在回调函数中把 div 标签放到初始位置。

**运行效果**

单击“动画开始”按钮，开始执行动画。当动画执行完成后，div 标签回到初始位置，如图 3-27 所示。

图 3-27　创建自定义动画

### 8. stop()方法

stop()方法用于停止动画或效果（在动画或效果完成之前）。stop()方法适用于所有 jQuery 效果，包括滑动、淡入淡出和自定义动画。

**语法格式**

```
stop(stopAll,goToEnd)
```

stopAll 和 goToEnd 两个参数都是 boolean 类型的，可以选择是否填写，如果不填写，则默认为 false。

stopAll 表示是否清除动画队列，即仅停止当前执行的动画，允许在这个 HTML 元素上绑定的其他动画继续执行。

goToEnd 表示是否立即完成当前动画。

**示例**

```
<!DOCTYPE html>
<html>
```

```
    <head>
      <title>jQuery 案例</title>
      <meta charset="utf-8" />
      <style type="text/css">
          .main{
              width:250px;
              height:250px;
          }
          .body{
              width:20px;
              height:20px;
              line-height:150px;
              background-color:red;
              color:#FFFFFF;
              text-align:center;
              font-weight:bold;
              position:relative;
          }
      </style>
      <script type="text/javascript" src="res/jquery/jquery-1.8.3.min.js">
</script>
      <script type="text/javascript">
          function start(){
              $(".body").animate({width:'250px'});
              $(".body").animate({width:'20px',left:'230px'});

              $(".body").animate({height:'250px'});
              $(".body").animate({height:'20px',top:'230px'},function(){
                  $(".body").css('top','0px');
                  $(".body").css('left','0px');
              });
          }
          function stop(){
              $(".body").stop();
          }
          function stopAll(){
              $(".body").stop(true);
          }
      </script>
    </head>
    <body>
```

```
    <input type="button" value="开始" onclick="start()" />
    <input type="button" value="结束" onclick="stop()" />
    <input type="button" value="结束所有" onclick="stopAll()" />

    <br/><br/>
    <div class="main"><div class="body"></div></div>
  </body>
</html>
```

**代码讲解**

```
function stop(){
    $(".body").stop();
}
function stopAll(){
    $(".body").stop(true);
}
```

使用 stop()方法停止动画的播放。

$(".body").stop()：停止 class 值为 body 的 div 标签上当前动画的播放，继续执行其他动画。

$(".body").stop(true)：停止 class 值为 body 的 div 标签上绑定的所有动画。

**运行效果**

单击“结束”按钮，结束当前动画的播放，继续执行其他动画；单击“结束所有”按钮，结束所有要执行的动画，如图 3-28 所示。

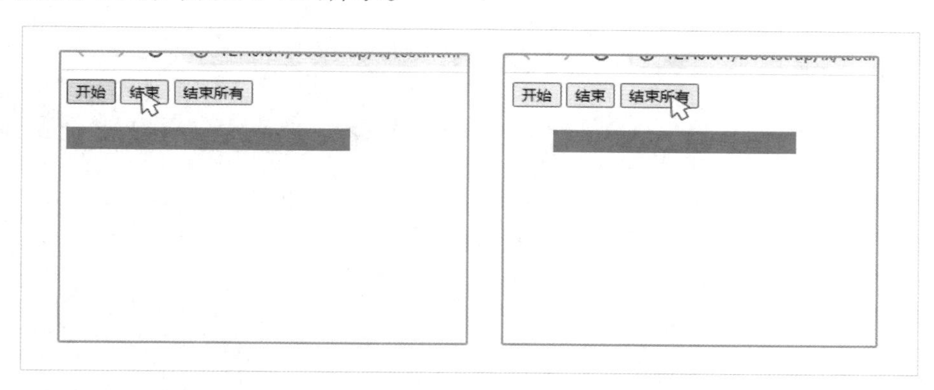


图 3-28　停止动画

下面来看一个示例，通过 jQuery 中的 submit()方法、文档处理方法和 jQuery 动画，实现注册表单的提交、检查及信息反馈。

**示例**

```
<!DOCTYPE html>
<html lang="en">
<head>
  <meta charset="UTF-8">
```

```
<meta http-equiv="X-UA-Compatible" content="IE=edge">
<meta name="viewport" content="width=device-width, initial-scale=1.0">
<title>jQuery 案例</title>
<style>
  *{
    margin: 0px;
    padding: 0px;
  }
  .mainDiv{
    width: 500px;
    height: 250px;
    margin: auto;
    margin-top: 100px;
    border: 2px solid #C8DCDB;
    border-radius: 20px;
  }
  .title{
    height: 25px;
    margin: 0px;
    border-bottom: 2px solid #C8DCDB;
    line-height: 25px;
    text-indent: 2em;
  }
  .box{
    margin: auto;
    margin-top: 5px;
    width: 420px;
  }
  .item{
    overflow: hidden;
  }
  .item>div{
    float: left;
  }
  .con{
    overflow: hidden;
  }
  .con>div{
    float: left;
  }
  span{
    display: none;
```

```
        color: red;
      }
      .btn1{
        margin-top: 10px;
        margin-left: 50px;
      }
      .btn2{
        margin-top: 10px;
        margin-left: 160px;
      }
      .result{
        width: 200px;
        height: 100px;
        margin: auto;
        margin-top: 100px;
        display: none;
      }
    </style>
    <script type="text/javascript" src="res/jquery/jquery-1.8.3.min.js">
</script>
    <script type="text/javascript">
      $(function(){
        $("form").submit(function(){
          $("span").hide();
          if($("#userName").val()==""){
            $("#nameSpan").show();
            $("#userName").focus();
          }
          else if($("#passWord").val()==""){
            $("#passWordSpan").show();
            $("#passWord").focus();
          }
          else if($("#checkpwd").val()!=$("#passWord").val()){
            $("#checkpwdSpan").show();
            $("#checkpwd").focus();
          }
          else if($("#tel").val()==""){
            $("#telSpan").show();
            $("#tel").focus();
          }
          else{
            $(".mainDiv").fadeOut(800);
```

```
                window.setTimeout(function(){
                    $(".result").show();
                },800);
            }
            return false;
        })

        var cityList = {
            "0":[],
            "1":["广州市","深圳市","东莞市","佛山市","中山市","珠海市"],
            "2":["太原市","大同市","阳泉市","吕梁市"],
            "3":["石家庄市","唐山市","张家口市","邯郸市","保定市"],
            "4":["沈阳市","大连市","本溪市","丹东市","锦州市"],
            "5":["济南市","青岛市","烟台市","威海市","日照市"]
        };

        $("#country").change(function(){
            var num = 0;
            $("#city").empty();
            $("#country").children().each(function(){
                if($(this).prop("selected")){
                    num = $(this).val();
                }
            })
            var arr = cityList[num];
            for(var i=0;i<arr.length;i++){
                $("#city").append("<option>"+arr[i]+"</option>");
            }
        })
    })
  </script>
</head>
<body>
  <div class="mainDiv">
    <div class="title">注册用户</div>
    <div class="box">
      <form action="#">

        <div class="item">
          <div>用户名称：</div>
          <div><input type="text" id="userName" name="userName"/><span id=
"nameSpan">用户名称不能为空！</span></div>
```

```
        </div>

        <div class="item">
          <div>用户密码：</div>
          <div><input type="password" id="passWord" name="passWord"/><span
id="passWordSpan">用户密码不能为空！</span></div>
        </div>

        <div class="item">
          <div>确认密码：</div>
          <div><input type="password" id="checkpwd" name="checkpwd"/><span
id="checkpwdSpan">两次输入的密码不一致！</span></div>
        </div>

        <div class="item">
          <div>联系电话：</div>
          <div><input type="text" id="tel" name="tel"/><span id="telSpan">
联系电话不能为空！</span></div>
        </div>

        <div class="item">
          <div>所在城市：</div>
          <div class="con">
            <div>省份：</div>
            <div>
              <select id="country">
                <option value="0">请选择…</option>
                <option value="1">广东省</option>
                <option value="2">山西省</option>
                <option value="3">河北省</option>
                <option value="4">辽宁省</option>
                <option value="5">山东省</option>
              </select>
            </div>
            <div>城市：</div>
            <div>
              <select id="city"></select>
            </div>
          </div>
        </div>

        <div class="item">
```

```
            <div class="btn1"><input type="reset" value="重置"></div>
            <div class="btn2"><input type="submit" value="提交"></div>
          </div>

        </form>
      </div>
    </div>
    <div class="result">
      <h1>注册成功！</h1>
    </div>
  </body>
  </html>
```

**代码讲解**

1. 添加表单提交事件

```
$("form").submit(function(){
    …
})
```

给表单添加表单提交事件，当表单提交时，执行回调函数中的代码判断表单中的信息是否合法。

2. 隐藏错误提示信息

```
$("span").hide();
```

每次表单提交都要隐藏上一次提交后的错误提示信息。

3. 用户名判定

```
if($("#userName").val()==""){
    $("#nameSpan").show();
    $("#userName").focus();
}
```

当表单提交后，判断输入的用户名是否为空。若用户名为空，则显示错误提示信息，并将光标定位到输入用户名的文本框中。

4. 密码判定

```
else if($("#passWord").val()==""){
    $("#passWordSpan").show();
    $("#passWord").focus();
}
```

当表单提交后，判断输入的密码是否为空。若密码为空，则显示错误提示信息，并将光标定位到输入密码的文本框中。

5. 确认密码判定

```
else if($("#checkpwd").val()!=$("#passWord").val()){
```

```
        $("#checkpwdSpan").show();
        $("#checkpwd").focus();
    }
```

当表单提交后，判断“用户密码”和“确认密码”两个文本框中的密码是否相同。若密码不相同，则显示错误提示信息，并将光标定位到确认密码的文本框中。

6. 联系电话判定

```
    else if($("#tel").val()==""){
        $("#telSpan").show();
        $("#tel").focus();
    }
```

当表单提交后，判断联系电话是否为空。若联系电话为空，则显示错误提示信息，并将光标定位到输入电话的文本框中。

7. 显示注册成功信息

```
    else{
        $(".mainDiv").fadeOut(800);
        window.setTimeout(function(){
                $(".result").show();
        },800);
    }
```

如果表单中的内容正确，则设置表单以淡出的方式隐藏并在 800 毫秒内隐藏完成。设置定时器，800 毫秒后显示“注册成功!”。

8. 存储每个省份对应的城市

```
    var cityList = {
      "0":[],
      "1":["广州市","深圳市","东莞市","佛山市","中山市","珠海市"],
      "2":["太原市","大同市","阳泉市","吕梁市"],
      "3":["石家庄市","唐山市","张家口市","邯郸市","保定市"],
      "4":["沈阳市","大连市","本溪市","丹东市","锦州市"],
      "5":["济南市","青岛市","烟台市","威海市","日照市"]
    };
```

变量 cityList 中存储了每个省份对应的城市名称，需要通过每个省份的 value 值来查询这个省份对应的城市。

9. change 事件

```
    $("#country").change(function(){
      …
    })
```

每当“省份”下拉列表框中的内容发生改变时，就调用 change 事件的回调函数，在回调函数中重新设置“城市”下拉列表框中的内容。

10. 文档处理

```
$("#city").empty();
```

删除“城市”下拉列表框中的所有内容，不包括“城市”下拉列表框。

11. 查找被选中的省份

```
$("#country").children().each(function(){
    if($(this).prop("selected")){
        num = $(this).val();
    }
})
```

通过选择器和筛选器查找“省份”下拉列表框中的所有内容，并进行遍历。当查找到某个省份被选中时，取出其 value 值赋给一个变量。

12. 更改“城市”下拉列表框

```
var arr = cityList[num];
for(var i=0;i<arr.length;i++){
    $("#city").append("<option>"+arr[i]+"</option>");
}
```

在获取省份对应的所有城市后，通过文档处理方法把这些城市添加到“城市”下拉列表框中。

上述代码的运行效果如图 3-29 和图 3-30 所示。

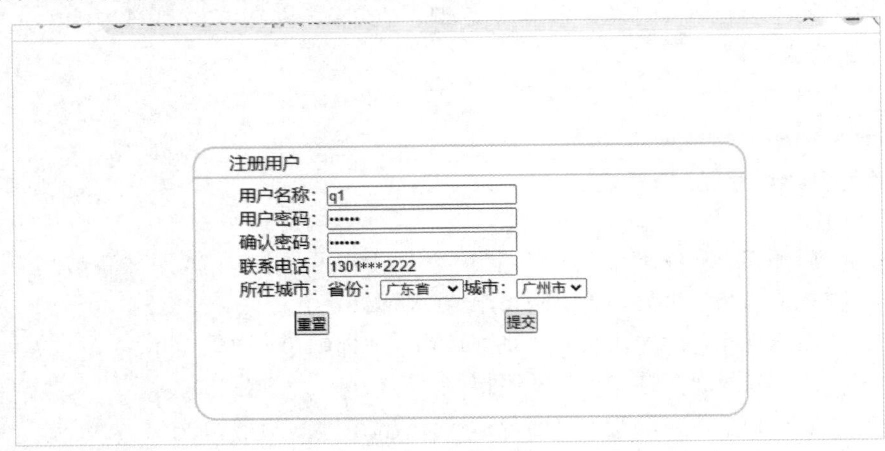


图 3-29　示例运行效果 1

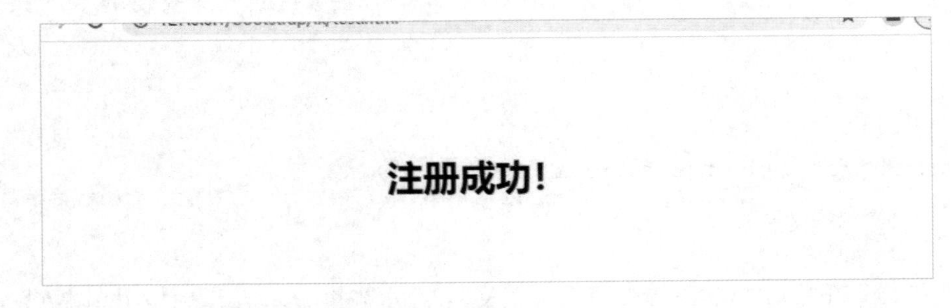


图 3-30　示例运行效果 2

## 扩展练习

运用学到的知识，完成以下拓展任务。

### 拓展 1：登录表单验证

运行效果如图 3-31 所示。

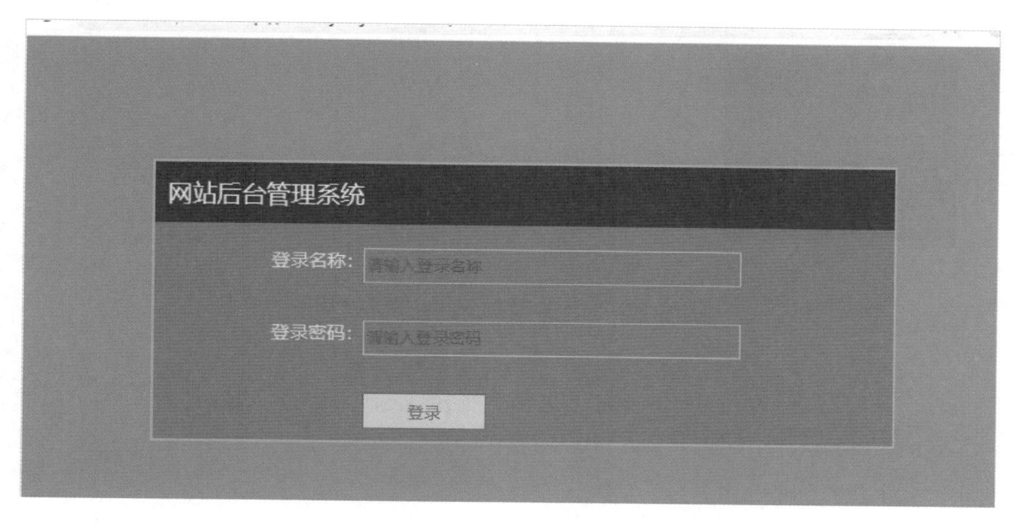


图 3-31　登录表单验证示例运行效果

**要求：**

（1）参考示例运行效果，制作 HTML 显示页面。

（2）利用 jQuery 实现页面交互功能。

① 添加页面载入事件。

② 给页面中的 form 标签添加 submit 事件。

③ 当表单提交时，验证 id 为 userName 的表单元素的输入值是否为空。如果为空，则提示相应信息，并获得焦点。

④ 当表单提交时，验证 id 为 password 的表单元素的输入值是否为空。如果为空，则提示相应信息，并获得焦点。

⑤ 如果所有表单元素的输入值均不为空，则表单提交完成。

**在线做题：**

打开浏览器并输入指定地址，在线完成本道练习题。

实训链接：http://www.hxedu.com.cn/Resource/OS/AR/zz/zxy/202103636/6.html

实训码：49c767ae

### 拓展 2：动态菜单

运行效果如图 3-32 所示。

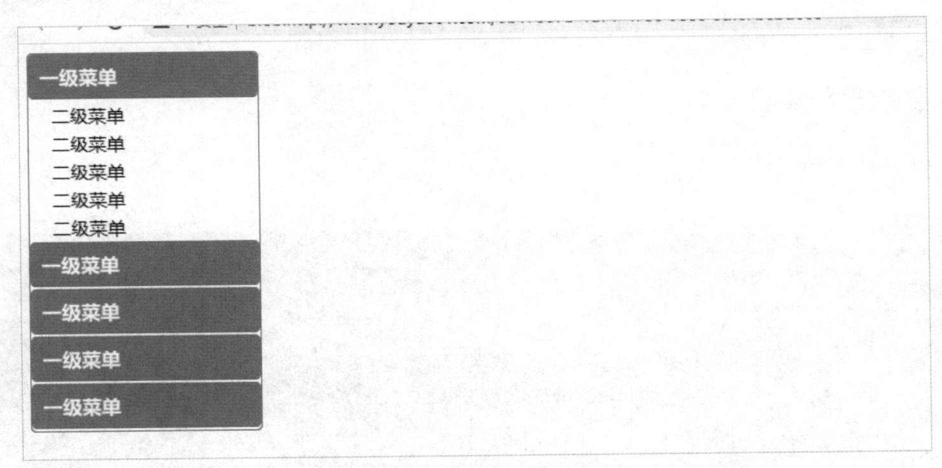


图 3-32　动态菜单示例运行效果

**要求：**

（1）参考示例运行效果，制作 HTML 显示页面。

（2）利用 jQuery 实现页面交互功能。

① 添加页面载入事件。

② 控制 class 属性值为 list0 的标签默认展开，展开的动画效果为滑动效果，速度为 500 毫秒。

③ 给所有的一级菜单标签添加鼠标单击事件，当单击一级菜单时，控制当前菜单下的二级菜单滑动展开，速度为 500 毫秒。

**在线做题：**

打开浏览器并输入指定地址，在线完成本道练习题。

实训链接：http://www.hxedu.com.cn/Resource/OS/AR/zz/zxy/202103636/6.html

实训码：82dc2af5

### 拓展 3：留言板

运行效果如图 3-33 所示。

**要求：**

（1）参考示例运行效果，制作 HTML 显示页面。

（2）利用 jQuery 实现页面交互功能。

① 添加页面载入事件。

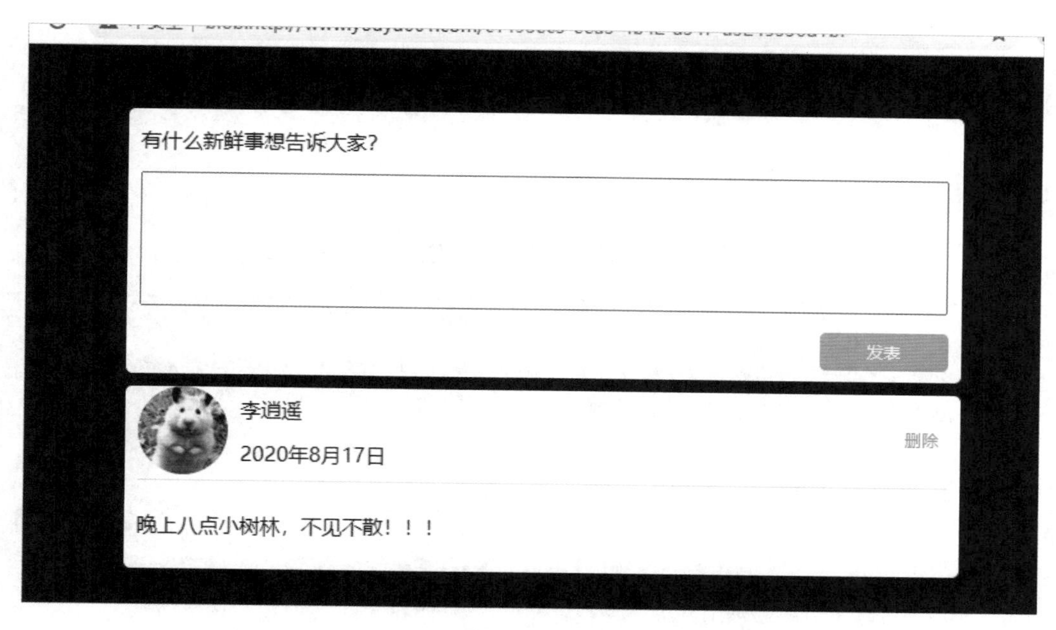


图 3-33　留言板示例运行效果

② 给 id 属性值为 sendBtn 的按钮添加鼠标单击事件，用于向 section 标签中追加一条留言信息。

留言内容：textarea 标签的 value 值。

留言日期：获得当前系统的年、月、日。

留言人：固定为“踏雪无痕”。

留言人头像：随机选择下列图片中的一张。

res/jquery/images/modle0.jpg

res/jquery/images/modle1.jpg

res/jquery/images/modle2.jpg

……

res/jquery/images/modle7.jpg

③ 给留言信息中的“删除”按钮添加鼠标单击事件，用于删除当前留言信息。

**在线做题：**

打开浏览器并输入指定地址，在线完成本道练习题。

实训链接：http://www.hxedu.com.cn/Resource/OS/AR/zz/zxy/202103636/6.html

实训码：c58e051f

## 测验评价

1. 评价标准（见表 3-3）

表 3-3　评价标准

| 采分点 | 教师评分<br>（0～5 分） | 自评<br>（0～5 分） | 互评<br>（0～5 分） |
| --- | --- | --- | --- |
| 1. 可以通过 jQuery 提供的筛选方法筛选出想要的内容。<br>2. 掌握 jQuery 中的文档处理方法并正确应用。<br>3. 可以使用 each()方法对对象或数组进行遍历。<br>4. 掌握 jQuery 中的表单提交事件并可以对表单中的内容进行判断。<br>5. 掌握 jQuery 中常用的显示、隐藏动画方法 | | | |

2. 在线测评

打开浏览器并输入指定地址，在线完成测评。

模块 4

# AJAX 应用

## 情景导入

AJAX 应用在网站开发中是非常常见的功能模块。当用户打开网站，在网站上进行浏览时，经常可以看到具备查询功能的网页，如图 4-1 所示，我们可以输入或选择要查询的内容，然后单击“查询”按钮，随后页面会显示出所查询的内容。要想在只刷新局部页面的情况下完成查询和信息的显示，就需要用到 jQuery 的 AJAX 技术。

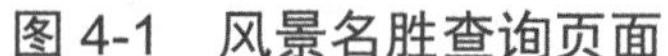

图 4-1　风景名胜查询页面

## 任务分析

在风景名胜查询案例中，若在只刷新局部页面的情况下查询信息，就需要使用 jQuery 提供的与 AJAX 相关的方法。当用户单击“查询”按钮时，首先通过 jQuery 获取需要查询的景点的名称，然后使用 ajax()、get()或 post()方法发送给后端并在完成相应的处理后返回 JSON 格式的数据，再在 AJAX 中接收后端传过来的数据，最后在前端页面中进行显示。实现 AJAX 应用模块的思维导图如图 4-2 所示。

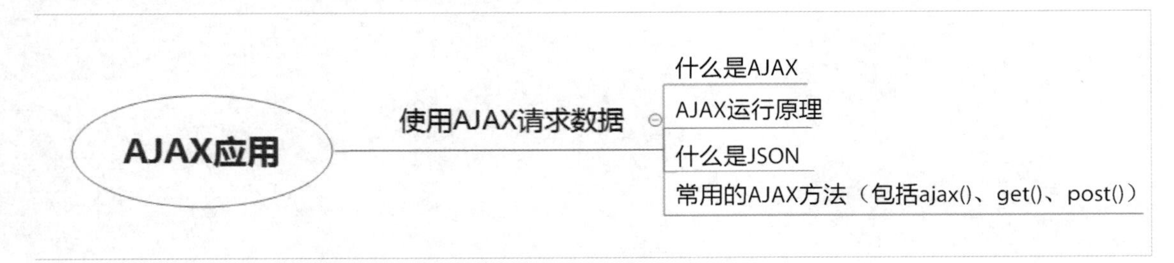


图 4-2　实现 AJAX 应用模块的思维导图

AJAX 应用模块在整体的实现上只有一个步骤，即使用 AJAX 请求数据。

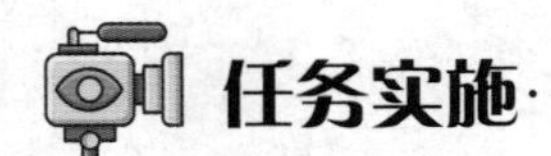

## 任务实施

### 使用 AJAX 请求数据

使用 AJAX 请求数据最重要的是能正确配置 AJAX 的参数。

#### 【知识链接】什么是 AJAX

AJAX（Asynchronous JavaScript and XML）是一种异步请求数据的 Web 开发技术，在不重载全部页面的情况下实现了对部分网页的更新。

jQuery 提供了多个与 AJAX 相关的方法，通过这些方法可以使用 HTTP 的 GET 或 POST 请求，从远程服务器上请求 TEXT、HTML、XML、JSON 等类型的数据，同时还可以把这些数据直接载入网页中。

AJAX 的优势如下。

- 页面无刷新，在页面内与服务器通信，用户体验非常好。
- 使用异步方式与服务器通信，不需要打断用户的操作，具有更加迅速的响应能力。
- 可以把以前一些服务器负担的工作转移到客户端，利用客户端闲置的能力来进行处理，减轻服务器和带宽的负担，节约空间和宽带租用成本。AJAX 的原则是“按需取数据”，可以最大限度地减少冗余请求和响应对服务器造成的负担。

- 基于标准化的并被广泛支持的技术，不需要下载插件或小程序。

## 【知识链接】AJAX 运行原理

AJAX 的运行原理简单来说就是通过 XMLHttpRequest 对象来向服务器发送异步请求，从服务器获得数据，然后用 JavaScript 来操作 DOM，从而更新页面。XMLHttpRequest 对象提供了对 HTTP 协议的完全访问，包括做出 POST 和 GET 请求的能力。XMLHttpRequest 可以同步或异步地返回 Web 服务器的响应，并且能够以文本或 DOM 文档的形式返回内容。尽管名为 XMLHttpRequest，但它并不限于和 XML 文档一起使用：它还可以接收任何形式的文本文档。XMLHttpRequest 对象是 AJAX 架构的一项关键功能。由于 jQuery 对 AJAX 进行了封装，因此在使用 jQuery 提供的有关 AJAX 的方法时不需要自己创建和使用 XMLHttpRequest 对象。

## 【知识链接】什么是 JSON

JSON 的全称是 JavaScript Object Notation（JavaScript 对象表示法），是轻量级的文本数据交换格式。JSON 文本格式在语法上与创建 JavaScript 对象的代码相同。

### 1. JSON 语法规则

JSON 数据的书写格式为 key:value，数据由逗号分隔，用大括号“{}”保存 JSON 对象，用中括号“[]”保存数组，数组可以包含多个对象。JSON 数据的 key 可以是数字或字符串，JSON 数据的 value 可以是数字、字符串、布尔值、null、JSON 对象、数组。

**示例**

```
<!DOCTYPE html>
<html>
  <head>
    <title>jQuery案例</title>
    <meta charset="utf-8" />
    <script type="text/javascript" src="res/jquery/jquery-1.8.3.min.js">
</script>
    <script type="text/javascript">
     var json1 = {"name":"张三","age":"21"};

     var json2 = {
         "arr":[
```

```
            {"name":"张三","age":"21"},
            {"name":"李四","age":"18"},
            {"name":"王五","age":"19"},
            {"name":"赵六","age":"22"}
        ]
    }

    var json3 = {"boolean":true};

    var json4 = {"runoob":null};

    var json5 = {1:"one"};

   </script>
  </head>
  <body>
  </body>
</html>
```

### 2. 访问对象值

当我们想要获得 JSON 对象的值时，可以通过点号“.”或中括号“[]”查询。如果 key 为数字或内部为数字的字符串，则用点号“.”查询就会报错，而用中括号“[]”查询则不会。

**示例**

```
<!DOCTYPE html>
<html>
  <head>
    <title>jQuery 案例</title>
    <meta charset="utf-8" />
    <script type="text/javascript" src="res/jquery/jquery-1.8.3.min.js">
</script>
    <script type="text/javascript">
        var people = {"name":"张三","age":"21"};
        var one = {1:"one"};
        $(function(){
            $("input[value=people]").click(function(){
                alert("people.name="+people.name+",people[\"name\"]="+
people["name"]);
            })
            $("input[value=one]").click(function(){
                alert("one[1]="+one[1]);
            })
```

```
        })
    </script>
  </head>
  <body>
        <input type="button" value="people"/>
        <input type="button" value="one"/>
  </body>
</html>
```

**代码讲解**

**alert("people.name="+people.name+",people[\"name\"]="+people["name"]);**

获取 JSON 对象 people 的 key 为 name 时对应的 value 值。

**alert("one[1]="+one[1]);**

获取 JSON 对象 one 的 key 为 1 时对应的 value 值。

**运行效果**

单击“people”按钮，弹出显示框，显示内容如图 4-3 所示。

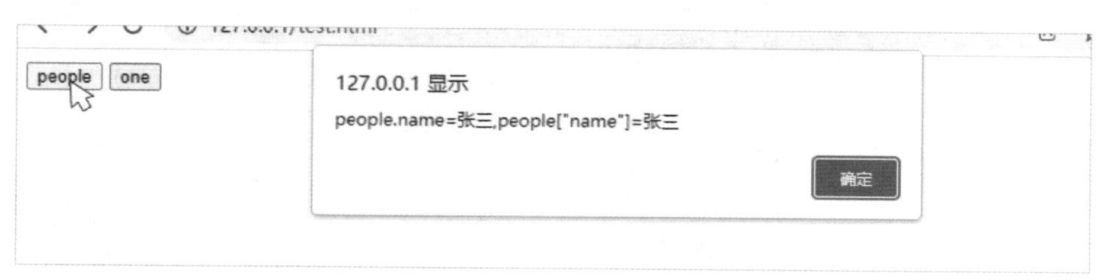


图 4-3　JSON 对象 people 的 name 属性值

单击“one”按钮，弹出显示框，显示内容如图 4-4 所示。

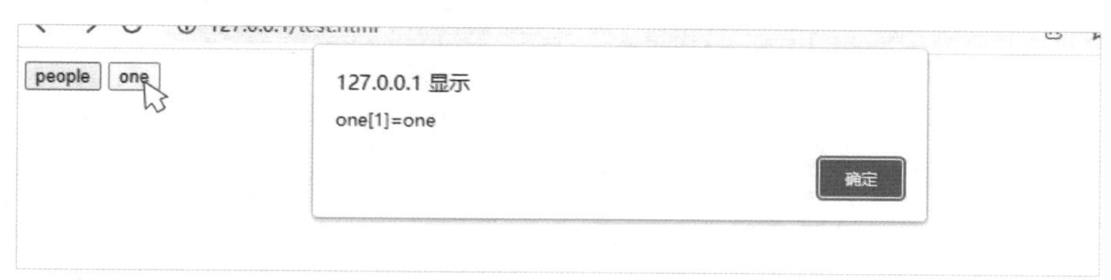


图 4-4　JSON 对象 one 的属性值

## 【知识链接】jQuery 中常用的 AJAX 方法

jQuery 提供了几种常用的 AJAX 方法，分别是 ajax()方法、get()方法、post()方法。

### 1.　ajax()方法

ajax()方法是 jQuery 中常用的 AJAX 方法之一，用于执行 AJAX 请求。

**语法格式**

```
$.ajax({"选项名":"选项值","选项名":"选项值"…});
```

示例

```
<!DOCTYPE html>
<html>
  <head>
    <title>jQuery 案例</title>
    <meta charset="utf-8" />
    <script type="text/javascript" src="res/jquery/jquery-1.8.3.min.js">
</script>
    <script type="text/javascript">
      function getUserInfo(){
          $.ajax({
            "type":"post",
            "url":"res/jquery/php/user.php",
            "data":{"name":"国家博物馆"},
            "dataType":"json",
            "error":function(){
                alert("服务器请求出错！");
            },
            "success":function(data){
                var str = "";
                str += "<br/>名称："+data.name+"<br/>";
                str += "<br/>地点："+data.add+"<br/>";
                str += "<br/>等级："+data.grade+"<br/>";
                str += "<br/>票价："+data.price+"<br/>";

                $("#showMsg").html(str);
            }
          });
      }
    </script>
  </head>
  <body>

    <input type="button" value="请求服务器数据" onclick="getUserInfo()" />

    <div id="showMsg"></div>

  </body>
</html>
```

代码讲解

```
$.ajax({
```

```
        "type":"post",
        "url":"res/jquery/php/user.php",
        "data":{"name":"国家博物馆"},
        "dataType":"json",
        "error":function(){
            alert("服务器请求出错！");
        },
        "success":function(data){
            var str = "";
            str += "<br/>名称："+data.name+"<br/>";
            str += "<br/>地点："+data.add+"<br/>";
            str += "<br/>等级："+data.grade+"<br/>";
            str += "<br/>票价："+data.price+"<br/>";
            $("#showMsg").html(str);
        }
    });
```

使用 ajax()方法执行 AJAX 请求。

"type":"post"：设置 AJAX 请求类型为 POST。

"url":"res/jquery/php/user.php"：设置 AJAX 请求的 URL 地址，用于向 user.php 文件发送请求。user.php 文件是一个已经写好并放到服务器端的 PHP 文件，只需要向它发送请求，它就会把数据响应给页面。

"data":{"name":"国家博物馆"}：设置 AJAX 将要发送到服务器的数据。

"dataType":"json"：设置服务器响应的数据类型为 JSON 类型。

"error":function(){…}：设置 AJAX 请求失败时将要执行的函数。

"success":function(data){…}：设置 AJAX 请求成功时将要执行的函数。data 为服务器响应数据。

### 运行效果

单击“请求服务器数据”按钮，在 id 为 showMsg 的 div 标签中显示查询到的信息，如图 4-5 所示。

图 4-5　使用 ajax()方法请求到的数据

ajax()方法的更多参数设置如表 4-1 所示。

表 4-1　ajax()方法的更多参数设置

| 语法格式 | 描述 |
| --- | --- |
| async | 布尔值，表示请求是否异步处理。默认是 true |
| beforeSend(Function) | 发送请求前运行的函数 |
| cache | 布尔值，表示浏览器是否缓存被请求页面。默认是 true |
| complete(Function) | 请求完成时执行的函数（在请求成功或失败之后均调用） |
| contentType | 发送数据到服务器时所使用的内容编码类型 |
| data | 规定要发送到服务器的数据 |
| dataType | 服务器响应的数据类型 |
| error(Function) | 请求失败时执行的函数 |
| global | 布尔值，规定是否为请求触发全局 AJAX 事件处理程序。默认是 true |
| ifModified | 布尔值，仅在服务器数据改变时获取新数据。默认是 false |

注：除上述参数外，ajax()方法的参数还有很多，在此就不一一介绍了。

### 2. get()方法

jQuery 中的 get()方法用于通过 HTTP 的 GET 请求方式从服务器上请求数据。

**语法格式**

```
$.get(请求地址,发送的数据,回调函数,响应数据类型);
```

**示例**

```
<!DOCTYPE html>
<html>
  <head>
    <title>jQuery 案例</title>
    <meta charset="utf-8" />
    <script type="text/javascript" src="res/jquery/jquery-1.8.3.min.js">
</script>
    <script type="text/javascript">
      function getCityCode(){
          var url = "res/jquery/php/city.php";
          var param = {"cityCode":"010"};
          $.get(url,param,function(data){
              $("#div1").html(data);
          },"text");
      }
    </script>
  </head>
  <body>

    <input type="button" value="请求服务器数据" onclick="getCityCode()" />
```

```
        <br/><br/>

        <div id="div1" style="color:red;font-weight:bold;font-size:20px;">
</div>

    </body>
</html>
```

**代码讲解**

```
$.get(url,param,function(data){
    $("#div1").html(data);
},"text");
```

使用 get() 方法执行 AJAX 请求。

$.get(…)：通过 HTTP 的 GET 请求方式从服务器上请求数据。

url：设置 AJAX 请求的 URL 地址。向服务器端写好的一个 PHP 文件发送请求，这个 PHP 文件再把数据响应给页面。

param：设置 AJAX 将要发送到服务器上的数据（JSON 数据格式）。

function(data){…}：设置 AJAX 请求成功时将要执行的回调函数。data 为服务器响应数据。

text:返回内容的格式，可以是 xml、html、script、json、text、_default。

**运行效果**

单击“请求服务器数据”按钮，显示从服务器上请求到的数据，如图 4-6 所示。

图 4-6　使用 get()方法请求到的数据

### 3. post()方法

jQuery 中的 post()方法用于通过 HTTP 的 POST 请求方式从服务器上请求数据。

**语法格式**

```
$.post(请求地址,发送的数据,回调函数,响应数据类型);
```

**示例**

```
<!DOCTYPE html>
<html>
  <head>
    <title>jQuery 案例</title>
    <meta charset="utf-8" />
    <script type="text/javascript" src="res/jquery/jquery-1.8.3.min.js">
</script>
```

```
    <script type="text/javascript">
      function getCityCode(){
          var url = "res/jquery/php/city.php";
          var param = {"cityCode":"010"};
          $.post(url,param,function(data){
              $("#div1").html(data);
          },"text");
      }
    </script>
  </head>
  <body>

    <input type="button" value="请求服务器数据" onclick="getCityCode()" />

    <br/><br/>

    <div id="div1" style="color:red;font-weight:bold;font-size:20px;"></div>

  </body>
</html>
```

**代码讲解**

```
$.post(url,param,function(data){
    $("#div1").html(data);
},"text");
```

使用 post()方法执行 AJAX 请求。

$.post(…)：通过 HTTP 的 POST 请求方式从服务器上请求数据。

url：设置 AJAX 请求的 URL 地址。向服务器端写好的一个 PHP 文件发送请求，这个 PHP 文件再把数据响应给页面。

param：设置 AJAX 将要发送到服务器上的数据（JSON 数据格式）。

function(data){…}：设置 AJAX 请求成功时将要执行的回调函数。data 为服务器响应数据。

text：返回内容的格式，可以是 xml、html、script、json、text、_default。

**运行效果**

单击“请求服务器数据”按钮，显示从服务器上请求到的数据，如图 4-7 所示。

图 4-7　使用 post()方法请求到的数据

### 4. get()方法和 post()方法的区别

1）发送的数据量

使用 get()方法只能发送有限数量的数据，因为数据是在 URL 中发送的。

使用 post()方法可以发送大量的数据，因为数据是在正文主体中发送的。

2）发送的数据大小

使用 get()方法可发送的数据大小约为 2000 个字符。

使用 post()方法最多可发送的数据大小为 8MB。

3）缓存

使用 get()方法发送的数据是可缓存的，而使用 post()方法发送的数据是无法缓存的。

4）安全性

使用 get()方法发送的数据不受保护，因为数据在 URL 栏中公开，这增加了漏洞和被黑客攻击的风险。

使用 post()方法发送的数据是安全的，因为数据未在 URL 栏中公开，而且还可以在其中使用多种编码技术。

5）主要作用

get()方法主要用于获取信息，而 post()方法主要用于更新数据。

下面来看一个示例，通过调用 jQuery 中的 ajax()方法实现单击“查询”按钮显示详细信息。

**示例**

```
<!DOCTYPE html>
<html>
  <head>
    <title>jQuery 案例</title>
    <meta charset="utf-8" />
    <style type="text/css">
      .head{
        position:relative;
        border:2px solid #CC0001;
        width:500px;
        margin:50px auto 0px auto;
      }
      .title{
        background-color:#CC0001;
        width:100%;
        line-height:30px;
```

```
          font-size:15px;
          color:#ffffff;
        }
        .search{
          width:100%;
          text-align:center;
          line-height:50px;
        }
        .preh{
          height:290px;
        }
        .lines{
          display:flex;
          justify-content:flex-start;
        }
        .lines div{
          line-height:30px;
        }
        .lines div:nth-of-type(1){
          width:80px;
          text-align:left;
        }
        #photo{
          position:absolute;
          right:5px;
          top:35px;
          width:200px;
          height:250px;
          border:1px solid gray;
          background-repeat:no-repeat;
          background-size:cover;
          background-position:center;
        }
        .view{
          width: 180px;
        }
      </style>
      <script type="text/javascript" src="res/jquery/jquery-1.8.3.min.js">
</script>
      <script type="text/javascript">
        //AJAX 通过名称查询详细信息
        function getUserInfo(){
```

```
        $.ajax({
          "type":"post",
          "url":"res/jquery/php/user.php",
          "data":{"name":$("#searchName").val()},
          "dataType":"json",
          "error":function(){
            alert("服务器请求出错！");
          },
          "success":function(data){
            $("#name").html(data.name);
            $("#add").html(data.add);
            $("#grade").html(data.grade);
                $("#price").html(data.price);
                $("#visitingTime").html(data.visitingTime);
                $("#photo").css("background-image","url('"+data.photo+"')");
          }
        });
      }
    </script>
  </head>
  <body>
    <div class="head">
      <div class="title">风景名胜查询</div>
      <div class="search">
        请选择：
        <select id="searchName">
          <option value="故宫">故宫</option>
          <option value="北海">北海</option>
          <option value="颐和园">颐和园</option>
          <option value="明十三陵">明十三陵</option>
          <option value="国家博物馆">国家博物馆</option>
          <option value="避暑山庄">避暑山庄</option>
          <option value="军事博物馆">军事博物馆</option>
          <option value="八达岭长城">八达岭长城</option>
          <option value="鸟巢">鸟巢</option>
          <option value="水立方">水立方</option>
        </select>
        <input type="button" value="查询" onclick="getUserInfo()" />
      </div>
    </div>

    <div class="head preh">
```

```
      <div class="title">查询结果</div>
      <div class="lines">
        <div>名称：</div>
        <div class="view" id="name"></div>
      </div>
      <div class="lines">
        <div>地点：</div>
        <div class="view" id="add"></div>
      </div>
      <div class="lines">
        <div>等级：</div>
        <div class="view" id="grade"></div>
      </div>
      <div class="lines">
        <div>票价：</div>
        <div class="view" id="price"></div>
      </div>
      <div class="lines">
        <div>参观时间：</div>
        <div class="view" id="visitingTime"></div>
      </div>
      <div id="photo"></div>
    </div>
  </body>
</html>
```

**代码讲解**

1. 调用 ajax()方法

```
$.ajax({
…
});
```

每当“查询”按钮被单击时就调用 ajax()方法，用于执行 AJAX 请求。

2. 设置请求参数

**"type":"post"**

设置请求的类型为 POST 类型。

**"url":"res/jquery/php/user.php"**

设置请求的路径为“res/jquery/php/user.php”，用于向 user.php 文件发送请求。

**"data":{"name":$("#searchName").val()}**

设置页面发送给服务器的数据为用户的姓名，这个数据要求是 JSON 格式的。

**"dataType":"json"**

设置服务器响应的数据类型为 JSON 类型。

```
"error":function(){
    alert("服务器请求出错！");
}
```

如果请求出现错误，就弹出提示框，提示“服务器请求出错!”。

```
"success":function(data){…}
```

请求成功时要执行的函数，参数 data 为服务器传过来的数据，这个数据也是 JSON 格式的。

```
$("#name").html(data.name);
```

从传到页面的数据中找到景点名称信息，并写入相应的位置。

```
$("#add").html(data.add);
```

从传到页面的数据中找到景区位置信息，并写入相应的位置。

```
$("#grade").html(data.grade);
```

从传到页面的数据中找到景区等级信息，并写入相应的位置。

```
$("#price").html(data.price);
```

从传到页面的数据中找到景区门票信息，并写入相应的位置。

```
$("#visitingTime").html(data.visitingTime);
```

从传到页面的数据中找到景区开放时间信息，并写入相应的位置。

```
$("#photo").css("background-image","url('"+data.photo+"')");
```

从传到页面的数据中找到景区照片的路径，并将照片显示在照片栏中。

上述代码的运行效果如图 4-8 所示。

图 4-8　AJAX 应用示例运行效果

## 扩展练习

运用学到的知识，完成以下拓展任务。

### 拓展 1：联动下拉列表框

运行效果如图 4-9 所示。

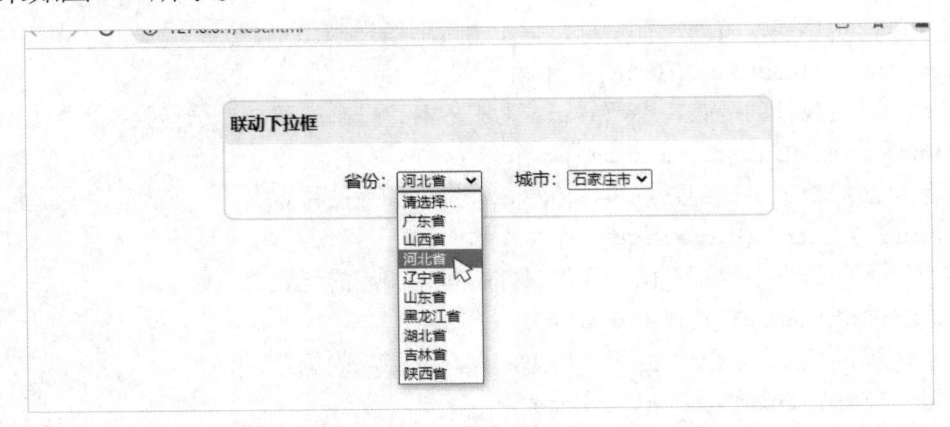


图 4-9　联动下拉列表框示例运行效果

**要求：**

（1）参考示例运行效果，制作 HTML 显示页面。

（2）利用 jQuery 实现页面交互功能。

① 添加页面载入事件。

② 给 id 属性值为 province 的下拉列表框添加 change 事件，使用$.ajax()方法实现页面交互功能。

③ $.ajax()方法的主要参数如下。

请求方式：POST | GET。

请求地址：res/jquery/php/citys.php。

发送数据：provinceId=省份编号。

服务器返回数据类型：JSON。

省份编号如下。

广东省：1

山西省：2

河北省：3

辽宁省：4

山东省：5

黑龙江省：6

湖北省：7

吉林省：8

陕西省：9

④ 接收服务器端返回的城市信息，并显示在 id 属性值为 city 的下拉列表框中。服务器端返回的 JSON 字符串格式如下。

```
[城市名称,城市名称,城市名称…]
```

**注意：** citys.php 文件已经存放到服务器端，大家只需编写代码调用该文件即可。

**在线做题：**

打开浏览器并输入指定地址，在线完成本道练习题。

实训链接：http://www.hxedu.com.cn/Resource/OS/AR/zz/zxy/202103636/6.html

实训码：63a7236d

### 拓展 2：柱状图

运行效果如图 4-10 所示。

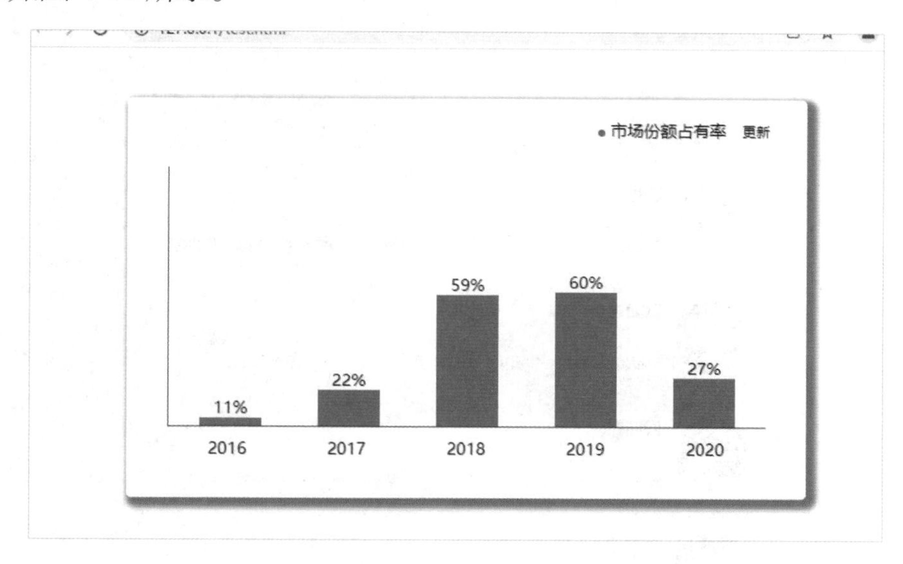


图 4-10　柱状图示例运行效果

**要求：**

（1）参考示例运行效果，制作 HTML 显示页面。

（2）利用 jQuery 实现页面交互功能。

① 添加页面载入事件，使用$.get()方法实现页面交互功能。

② $.get()方法的主要参数如下。

请求地址：res/jquery/php/column.php。

服务器返回数据类型：JSON。

③ 接收服务器端返回的响应数据。服务器端返回的 JSON 字符串格式如下。

```
{ 2016:数值,2017:数值,…,2020:数值 }
```

将服务器端返回的数值当作 div 标签的百分比高度，设置 id 属性值为 2016～2020 的 5 个 div 标签的高度，并更改指定 nav 标签中的显示内容。

④ 给 input 按钮添加鼠标单击事件，使用$.get()方法更新页面显示数据。

**注意：** column.php 文件已经存放到服务器端，大家只需编写代码调用该文件即可。

**在线做题：**

打开浏览器并输入指定地址，在线完成本道练习题。

实训链接：http://www.hxedu.com.cn/Resource/OS/AR/zz/zxy/202103636/6.html

实训码：a10c37fa

### 拓展 3：数据筛选

运行效果如图 4-11 所示。

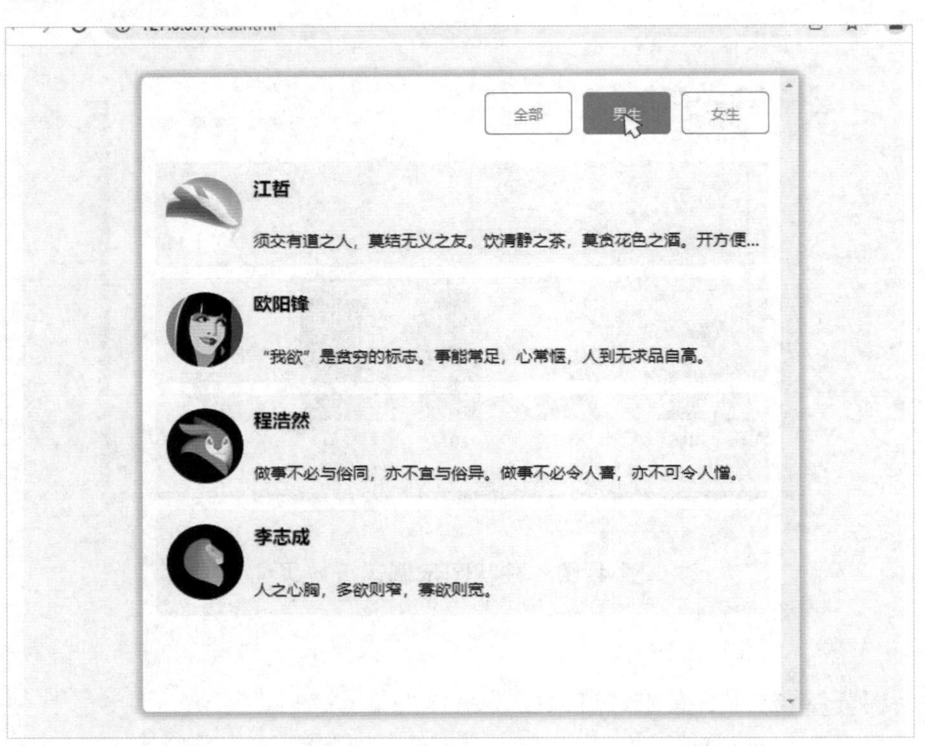


图 4-11　数据筛选示例运行效果

**要求：**

（1）参考示例运行效果，制作 HTML 显示页面。

（2）利用 jQuery 实现页面交互功能。

① 添加页面载入事件，使用$.post()方法实现页面交互功能。

② $.post()方法的主要参数如下。

请求地址：res/jquery/php/word.php。

发送数据：type=数据分类。

服务器返回数据类型：JSON。

数据分类：全部（all）、男生（boy）、女生（girl）。

③ 接收服务器端返回的响应数据。服务器端返回的 JSON 字符串格式如下。

```
[
  {userName: 姓名, sex: 性别, image: 头像, message: 留言信息},
  {userName: 姓名, sex: 性别, image: 头像, message: 留言信息},
  {userName: 姓名, sex: 性别, image: 头像, message: 留言信息}
]
```

④ 给 id 属性值为 btn1 的按钮添加鼠标单击事件，使用$.post()方法获得全部数据。

⑤ 给 id 属性值为 btn2 的按钮添加鼠标单击事件，使用$.post()方法获得男生数据。

⑥ 给 id 属性值为 btn3 的按钮添加鼠标单击事件，使用$.post()方法获得女生数据。

**注意：**word.php 文件已经存放到服务器端，大家只需编写代码调用该文件即可。

**在线做题：**

打开浏览器并输入指定地址，在线完成本道练习题。

实训链接：http://www.hxedu.com.cn/Resource/OS/AR/zz/zxy/202103636/6.html

实训码：d9cc7f50

## 拓展 4：手机价格查询

运行效果如图 4-12 所示。

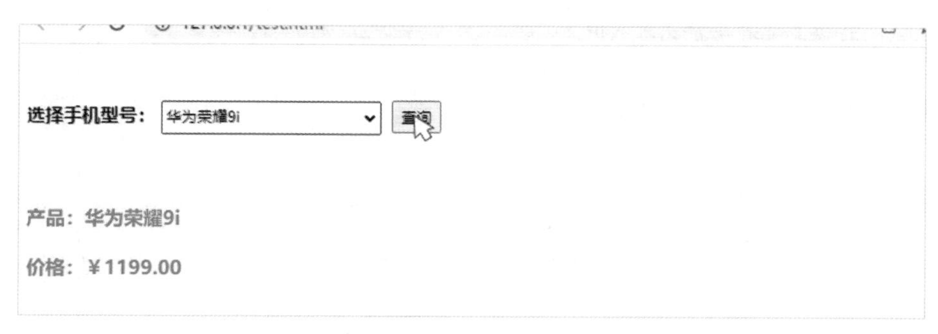


图 4-12　手机价格查询示例运行效果

**要求：**

（1）参考示例运行效果，制作 HTML 显示页面。

（2）利用 jQuery 实现页面交互功能。

① 添加页面载入事件。

② 给 input 按钮添加鼠标单击事件，使用$.get()方法实现手机价格查询功能。

③ $.get()方法的主要参数如下。

请求地址：res/jquery/php/price.php。

发送数据：telType=手机型号。

手机型号：id 属性值为 telType 的下拉列表框的 value 属性值。

④ 将服务器端返回的响应数据显示到 id 属性值为 div1 的标签中。

注意：price.php 文件已经存放到服务器端，大家只需编写代码调用该文件即可。

**在线做题：**

打开浏览器并输入指定地址，在线完成本道练习题。

实训链接：http://www.hxedu.com.cn/Resource/OS/AR/zz/zxy/202103636/6.html

实训码：66d6554e

## 测验评价

### 1. 评价标准（见表 4-2）

表 4-2 评价标准

| 采分点 | 教师评分（0～5 分） | 自评（0～5 分） | 互评（0～5 分） |
|---|---|---|---|
| 1. 可以通过 jQuery 提供的 ajax()方法请求数据并显示。<br>2. 可以通过 jQuery 提供的 get()方法请求数据并显示。<br>3. 可以通过 jQuery 提供的 post()方法请求数据并显示。<br>4. 可以正确设置 AJAX 请求的参数。<br>5. 可以根据不同的请求方式选择适合的方法 | | | |

### 2. 在线测评

打开浏览器并输入指定地址，在线完成测评。

# 模块 5

# 常用插件

## 情景导入

在开发网站时，经常需要制作一些比较复杂的功能。对于这样的情况，如果自己写代码实现这些功能则会比较麻烦，而且效果还不一定好。这时就可以将别人已经制作好的插件导入进来直接使用，从而更快、更好地实现这些复杂的功能。如图 5-1 所示，就是使用分页插件来实现分页功能。在购物网站的开发过程中，常常有这样一个需求，当鼠标光标在图片上滑过时，旁边显示出该图片局部的放大效果，这时就需要使用鼠标放大镜插件来实现。

| 编号 | 博物馆名称 | 主要藏品 | 年代 |
|---|---|---|---|
| 1 | 故宫博物院 | 五牛图 | 唐朝 |
| 2 | 中国国家博物馆 | 大盂鼎 | 西周 |
| 7 | 陕西历史博物馆 | 杜虎符 | 秦 |

1 2 3 4 5 » 1/5 Go

图 5-1　页面分页

要实现页面分页功能，可以使用 Pagination 插件通过以下步骤实现：引入 Pagination 插件的相关文件；编写 HTML 代码作为数据显示的容器；获取需要分页的全部数据；初始化 Pagination 插件；设置 Pagination 插件需要的相关参数。通过执行以上步骤，页面将呈现出分页效果。常用插件模块的思维导图如图 5-2 所示。

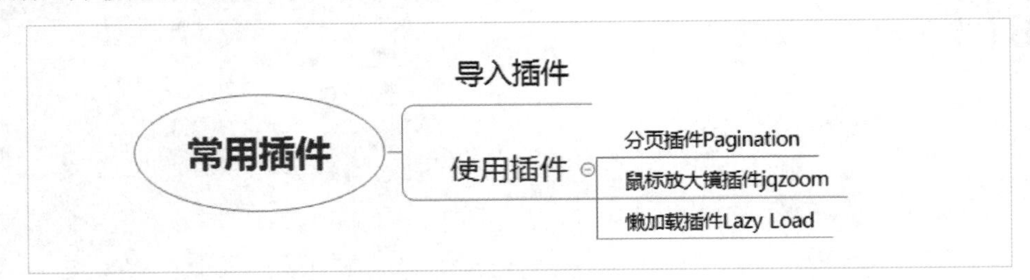


图 5-2　常用插件模块的思维导图

常用插件模块在整体的实现上可以划分为以下两个步骤。

- 导入插件。
- 使用插件。

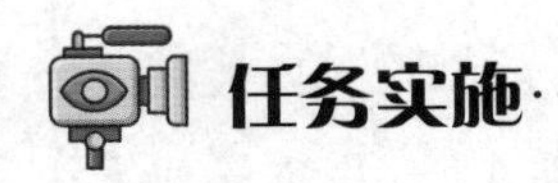

### 步骤 1：导入插件

如果想要使用一个插件，就需要导入这个插件需要的文件。

**【知识链接】导入插件所需文件**

导入插件所需文件和导入普通文件的方法是一致的。一般需要导入插件所需的 JS 文件，有的插件可能还需要导入 CSS 文件。可以使用 HTML 中的<script>标签和<link>标签导入文件。

**语法格式**

```
<link href="链接的文件路径" type="链接的文件类型" rel="外部文档与被链接文档的关系"/>
<script type="脚本文件的 MIME 类型" src="外部脚本文件路径"></script>
```

**示例**

```
<!DOCTYPE html>
<html>
```

```
    <head>
      <title>jQuery案例</title>
      <meta charset="UTF-8" />
      <style type="text/css">
        .con{
          width:500px;
          margin:30px auto;
        }
        .data{
          width:100%;
        }
        .data div{
          height:50px;
          line-height:50px;
          background-color:#EEEEEE;
          margin-bottom:5px;
          padding-left:10px;
          border-radius:5px;
        }
        .pageList{
          margin-top:30px;
        }
      </style>
      <link href="res/jquery/pagination.css" type="text/css" rel="stylesheet" />
      <script type="text/javascript" src="res/jquery/jquery-1.8.3.min.js">
</script>
      <script type="text/javascript" src="res/jquery/pagination.js"></script>
    </head>
    <body>

      <div class="con">

        <div class="data"></div>

        <div class="pageList"></div>

      </div>

    </body>
  </html>
```

**代码讲解**

```
<link href="res/jquery/pagination.css" type="text/css" rel="stylesheet" />
<script type="text/javascript" src="res/jquery/jquery-1.8.3.min.js">
</script>
<script type="text/javascript" src="res/jquery/pagination.js"></script>
```

导入 Pagination 插件所需的文件。

pagination.css：Pagination 插件样式表文件（Pagination 插件自带）。

jquery-1.8.3.min.js：jQuery 库。

pagination.js：Pagination 插件的 JS 文件。

注意：在导入以上 JS 文件时，必须先导入 jQuery 库，再导入 Pagination 插件。

## 步骤 2：使用插件

jQuery 的插件有很多，每种插件要设置的参数和使用方法都不相同，下面主要讲解 3 种常用插件的使用方法。如果想要使用其他插件，则可以在网上查找使用方法和所需文件。

### 【知识链接】常用插件的使用

常用的插件有分页插件、鼠标放大镜插件和懒加载插件。

#### 1. 分页插件

Pagination 是一个轻量级的 jQuery 分页插件。Pagination 插件使用起来非常简单，只需要初始化一个实例，并设置相应的参数，就可以实现分页功能。

**示例**

```
<!DOCTYPE html>
<html>
  <head>
    <title>jQuery 案例</title>
    <meta charset="UTF-8" />
    <style type="text/css">
      .con{
        width:500px;
        margin:30px auto;
      }
      .data{
        width:100%;
      }
      .data div{
        height:50px;
        line-height:50px;
        background-color:#EEEEEE;
```

```
        margin-bottom:5px;
        padding-left:10px;
        border-radius:5px;
      }
      .pageList{
        margin-top:30px;
      }
    </style>
    <link href="res/jquery/pagination.css" type="text/css" rel="stylesheet" />
    <script type="text/javascript" src="res/jquery/jquery-1.8.3.min.js">
</script>
    <script type="text/javascript" src="res/jquery/pagination.js"></script>
    <script type="text/javascript">
     $(function(){
        var dataList = [];
        for(var i=1;i<200;i++){
            dataList.push("第 "+i+" 条数据");
        }

        var options = {
          dataSource:dataList,
          showGoInput:true,
          showGoButton:true,
          className:"paginationjs-theme-red",
          callback:function(data,pagination){
              var html = "";
              for(var i=0;i<data.length;i++){
                  html += "<div>"+data[i]+"</div>";
              }
              $(".data").html(html);
          }
        };

        $(".pageList").pagination(options);
     })
    </script>
  </head>
  <body>

    <div class="con">

      <div class="data"></div>
```

```
        <div class="pageList"></div>
    </div>
  </body>
</html>
```

代码讲解

1. 导入插件相关文件

```
<link href="res/jquery/pagination.css" type="text/css" rel="stylesheet" />
<script type="text/javascript" src="res/jquery/jquery-1.8.3.min.js">
</script>
<script type="text/javascript" src="res/jquery/pagination.js"></script>
```

导入 Pagination 插件所需的文件。

pagination.css：Pagination 插件样式表文件（Pagination 插件自带）。

jquery-1.8.3.min.js：jQuery 库。

pagination.js：Pagination 插件的 JS 文件。

注意：在导入以上 JS 文件时，必须先导入 jQuery 库，再导入 Pagination 插件。

2. 编写 HTML 代码

```
<div class="con">
    <div class="data"></div>
    <div class="pageList"></div>
</div>
```

编写 HTML 代码，用于显示分页数据及分页栏。

<div class="data"></div>：用于显示分页数据。

<div class="pageList"></div>：用于显示分页栏。

3. 创建分页数据

```
var dataList = [];
for(var i=1;i<200;i++){
    dataList.push("第 "+i+" 条数据");
}
```

通过循环创建分页数据，并存储到 dataList 数组中。

4. 初始化分页插件

```
$(".pageList").pagination(options);
```

使用 pagination()方法初始化分页插件，并显示在指定的 HTML 标签中。

$(".pageList")：用于指定将初始化后的分页插件显示在 class 属性值为 pageList 的标签中。

pagination()：用于初始化分页插件。

options：Pagination 插件的初始化参数（JSON 数据格式）。

5. 设置分页插件的参数

```
var options = {
    dataSource:dataList,
    showGoInput:true,
    showGoButton:true,
    className:"paginationjs-theme-red",
    callback:function(data,pagination){
        var html = "";
        for(var i=0;i<data.length;i++){
            html += "<div>"+data[i]+"</div>";
        }
        $(".data").html(html);
    }
};
```

指定分页插件的参数。

dataSource:dataList：指定分页插件的数据来源为 dataList 数组。

showGoInput:true：设置分页插件显示跳页文本框。

showGoButton:true：设置分页插件显示跳页“Go”按钮。

className:"paginationjs-theme-red"：设置分页插件引用的主题样式。

callback:function(data,pagination){…}：设置分页插件的回调函数。data 为每页显示的数据，pagination 为分页信息。

**运行效果**

运行以上代码，效果如图 5-3 所示。

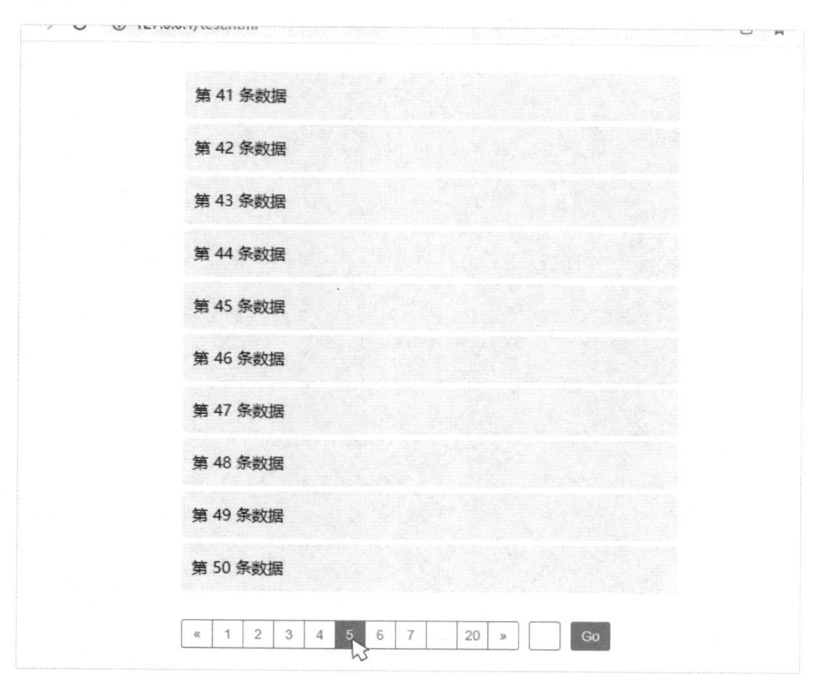


图 5-3　数据分页

Pagination 插件的常用参数如表 5-1 所示。

表 5-1　Pagination 插件的常用参数

| 参数 | 说明 |
| --- | --- |
| dataSource | 将要通过 Pagination 插件进行分页的数据 |
| pageSize | 设置每页显示的记录数，默认是 10 |
| showPrevious | 是否显示“上一页”按钮 |
| showNext | 是否显示“下一页”按钮 |
| showGoInput | 是否显示跳页文本框 |
| showGoButton | 是否显示跳页“Go”按钮 |
| autoHidePrevious | 当到达第一页时，是否自动隐藏“上一页”按钮 |
| autoHideNext | 当到达最后一页时，是否自动隐藏“下一页”按钮 |
| showNavigator | 是否显示分页导航 |
| pageRange | 设置显示页码的范围 |

注：除上述参数外，Pagination 插件的参数还有很多，在此就不一一介绍了。

### 2. 鼠标放大镜插件

jqzoom 是一款基于 jQuery 的图片插件，通过 jqzoom 插件很容易就可以实现鼠标放大镜效果。

**示例**

```
<!DOCTYPE html>
<html>
  <head>
    <title>jQuery 案例</title>
    <meta charset="UTF-8" />
    <style type="text/css">
      .small img{
        border:1px solid #DEE1E6;
      }
      .imageList{
        list-style:none;
        margin:10px 0px 0px 0px;
        padding:0px;
        width:310px;
        display:flex;
      }
      .imageList li{
        flex-grow:1;
        border:1px solid #DEE1E6;
```

```
            cursor:pointer;
          }
          .imageList li:not(:last-child){
            margin-right:5px;
          }
          .imageList li:hover{
            border:1px solid #5F6368;
          }
          .imageList li img{
            width:100%;
          }
          .clear:after{
            display:block;
            content:"";
            clear:both;
          }
        </style>
        <link href="res/jquery/jquery.jqzoom.css" type="text/css" rel= "stylesheet" />
        <script type="text/javascript" src="res/jquery/jquery-1.5.js"></script>
        <script type="text/javascript" src="res/jquery/jquery.jqzoom-core.js">
</script>
        <script type="text/javascript">
          $(function(){
              $(".jqzoom").jqzoom({
                  title:true,
                  zoomType:"reverse",
                  lens:true
              });
          })
        </script>
      </head>
      <body>

        <!-- 大图、小图 -->
        <div class="small clear">
          <a class="jqzoom" rel="gal1" title="局部放大" href="res/jquery/images/
big1.jpg">
            <img src="res/jquery/images/small1.jpg" />
          </a>
        </div>

        <!-- 缩略图 -->
```

```
    <ul class="imageList">
      <li>
        <a rel="{gallery:'gal1', smallimage:'res/jquery/images/small1.jpg',
largeimage:'res/jquery/images/big1.jpg'}">
          <img src="res/jquery/images/thumb1.jpg" />
        </a>
      </li>
      <li>
        <a rel="{gallery:'gal1', smallimage:'res/jquery/images/small2.jpg',
largeimage:'res/jquery/images/big2.jpg'}">
          <img src="res/jquery/images/thumb2.jpg" />
        </a>
      </li>
      <li>
        <a rel="{gallery:'gal1', smallimage:'res/jquery/images/small3.jpg',
largeimage:'res/jquery/images/big3.jpg'}">
          <img src="res/jquery/images/thumb3.jpg" />
        </a>
      </li>
    </ul>

  </body>
</html>
```

**代码讲解**

1. 导入插件相关文件

```
<link href="res/jquery/jquery.jqzoom.css" type="text/css" rel=
"stylesheet" />
<script type="text/javascript" src="res/jquery/jquery-1.5.js"></script>
<script type="text/javascript" src="res/jquery/jquery.jqzoom-core.js">
</script>
```

导入 jqzoom 插件所需的文件。

jquery.jqzoom.css：jqzoom 插件样式表文件（jqzoom 插件自带）。

jquery-1.5.js：jQuery 库。

jquery.jqzoom-core.js：jqzoom 插件的 JS 文件。

注意：在导入以上 JS 文件时，必须先导入 jQuery 库，再导入 jqzoom 插件。

2. 编写小图片、大图片显示区域的 HTML 代码

```
<div class="small clear">
    <a class="jqzoom" rel="gal1" title="局部放大" href="res/jquery/images/
big1.jpg">
        <img src="res/jquery/images/small1.jpg" />
```

```
        </a>
    </div>
```

编写小图片、大图片显示区域的 HTML 代码。

<img src="res/jquery/images/small1.jpg" />：需要被放大的小图片。

<a>…</a>：通过超链接指定大图片的相关信息。

rel="gal1"：用于关联到缩略图中的数据。

href="res/jquery/images/big1.jpg"：用于指定大图片的路径。

注意：大图片显示效果是 jqzoom 插件通过超链接中的信息自动生成的，并显示到浏览器页面。

3. 编写缩略图显示区域的 HTML 代码

```
    <ul class="imageList">
        <li>
            <a rel="{gallery:'gal1', smallimage:'res/jquery/images/small1.jpg',
largeimage:'res/jquery/images/big1.jpg'}">
                <img src="res/jquery/images/thumb1.jpg" />
            </a>
        </li>
        <li>
            <a rel="{gallery:'gal1', smallimage:'res/jquery/images/small2.jpg',
largeimage:'res/jquery/images/big2.jpg'}">
                <img src="res/jquery/images/thumb2.jpg" />
            </a>
        </li>
        <li>
            <a rel="{gallery:'gal1', smallimage:'res/jquery/images/small3.jpg',
largeimage:'res/jquery/images/big3.jpg'}">
                <img src="res/jquery/images/thumb3.jpg" />
            </a>
        </li>
    </ul>
```

编写缩略图显示区域的 HTML 代码。

<a rel= " …" >…</a>：通过超链接中的 rel 属性指定小图片、大图片的路径信息。

gallery:'gal1'：与大图片超链接中的 rel="gal1"属性对应，用于建立关联关系。

smallimage：用于指定小图片的路径。

largeimage：用于指定大图片的路径。

<img src= "…"/>：当前显示的缩略图图片。

注意：当单击缩略图时，jqzoom 插件将自动读取 rel 属性值，并设置小图片与大图片的显示效果。

4. 初始化 jqzoom 插件

```
    $(".jqzoom").jqzoom({
        title:true,
        zoomType:"reverse",
```

```
        lens:true
    });
```

使用 jqzoom()方法初始化 jqzoom 插件，并指定 jqzoom 插件对应的 HTML 标签。
$(".jqzoom")：用于指定 jqzoom 插件所对应的 HTML 标签。
jqzoom()：用于初始化 jqzoom 插件。
title:true：插件参数，用于设置大图片顶部显示<a>标签中的 title 信息。
zoomType:"reverse"：插件参数，用于设置小图片中所选区域高亮。
lens:true：插件参数，用于设置在小图片中显示选中区域。

**运行效果**

运行以上代码，效果如图 5-4 所示。

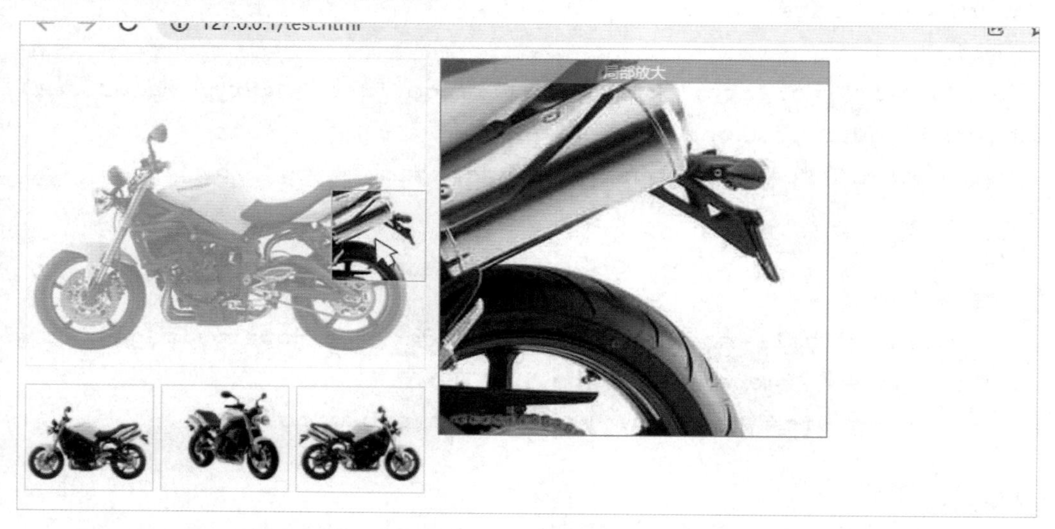


图 5-4 使用 jqzoom 插件实现鼠标放大镜效果

jqzoom 插件的常用参数如表 5-2 所示。

表 5-2 jqzoom 插件的常用参数

| 参数 | 说明 |
|---|---|
| zoomWidth | 小图片所选区域的宽度 |
| zoomHeight | 小图片所选区域的高度 |
| zoomType | 小图片所选区域是否高亮，默认为 standard，还可设置为 reverse |
| xOffset | 大图片与小图片间的 *X* 坐标（横坐标）距离 |
| yOffset | 大图片与小图片间的 *Y* 坐标（纵坐标）距离 |
| position | 大图片相对于小图片的位置，默认为 right，还可设置为 left、top、bottom |
| lens | 是否显示小图片中的选中区域，默认为 true |
| imageOpacity | 小图片中非选中区域的透明度 |
| preloadImages | 是否重新加载大图片 |
| preloadText | 当重新加载大图片时，小图片显示的文本说明 |

注：除上述参数外，jqzoom 插件的参数还有很多，在此就不一一介绍了。

### 3. 懒加载插件

Lazy Load 是一款用 JavaScript 编写的 jQuery 插件，用来实现图片的延迟加载。图片延迟加载可以加快页面加载速度，在某些情况下可以减轻服务器负担。

**示例**

```
<!DOCTYPE html>
<html>
  <head>
    <title>产品列表-懒加载</title>
    <meta charset="UTF-8">
    <style type="text/css">
      .con{
        width:850px;
        margin:0px auto;
      }
      .item-list{
        margin:40px auto;
        display:flex;
        justify-content:space-around;
      }
      .item{
        width:250px;
        border:1px solid #DEE1E6;
        border-radius:10px;
      }
      .item div{
        text-align:center;
      }
      .item div:nth-of-type(2){
        height:30px;
        line-height:30px;
        color:#E4393C;
        font-size:17px;
      }
      .item div:nth-of-type(3){
        height:30px;
        line-height:30px;
        color:#666666;
        font-size:13px;
        white-space:nowrap;
        text-overflow:ellipsis;
```

```
        overflow:hidden;
      }
      .item img{
        width:170px;
        height:170px;
      }
    </style>
    <script type="text/javascript" src="res/jquery/jquery-1.8.3.min.js">
</script>
    <script type="text/javascript" src="res/jquery/jquery.lazyload.js">
</script>
    <script type="text/javascript">
      $(function(){
          $("img").lazyload({
              effect :"fadeIn",
              threshold:-100
          });
      })
    </script>
  </head>
  <body>
    <section class="con">
      <div class="item-list">
        <div class="item">
          <div><img data-original="res/jquery/images/computer1.jpg" /></div>
          <div>￥4299.00</div>
          <div>联想（Lenovo）小新潮 7000 升级</div>
        </div>
        <div class="item">
          <div><img data-original="res/jquery/images/computer2.jpg" /></div>
          <div>￥4999.00</div>
          <div>联想(Lenovo)小新 Pro13 锐龙版</div>
        </div>
        <div class="item">
          <div><img data-original="res/jquery/images/computer3.jpg" /></div>
          <div>￥4999.00</div>
          <div>联想(Lenovo)小新 Air14  2020 性能版</div>
        </div>
      </div>
      <div class="item-list">
        <div class="item">
          <div><img data-original="res/jquery/images/computer4.jpg" /></div>
```

```
      <div>￥4199.00</div>
      <div>荣耀笔记本电脑 MagicBook 14 14英寸全面屏轻薄本</div>
    </div>
    <div class="item">
      <div><img data-original="res/jquery/images/computer5.jpg" /></div>
      <div>￥3999.00</div>
      <div>华为(HUAWEI) MateBook D 14英寸全面屏轻薄笔记本电脑便携超级快充</div>
    </div>
    <div class="item">
      <div><img data-original="res/jquery/images/computer6.jpg" /></div>
      <div>￥4299.00</div>
      <div>荣耀 MagicBook Pro 16.1英寸全面屏轻薄笔记本电脑</div>
    </div>
  </div>
  <div class="item-list">
    <div class="item">
      <div><img data-original="res/jquery/images/computer7.jpg" /></div>
      <div>￥4499.00</div>
      <div>联想（Lenovo）威6 2020款 英特尔酷睿 i5</div>
    </div>
    <div class="item">
      <div><img data-original="res/jquery/images/computer8.jpg" /></div>
      <div>￥4599.00</div>
      <div>荣耀 MagicBook Pro 16.1英寸全面屏轻薄高性能笔记本电脑</div>
    </div>
    <div class="item">
      <div><img data-original="res/jquery/images/computer9.jpg" /></div>
      <div>￥3599.00</div>
      <div>荣耀笔记本电脑 MagicBook 14 14英寸全面屏轻薄本</div>
    </div>
  </div>
  <div class="item-list">
    <div class="item">
      <div><img data-original="res/jquery/images/computer10.jpg" /></div>
      <div>￥5099.00</div>
      <div>联想(Lenovo)小新15 2020英特尔酷睿 i5</div>
    </div>
    <div class="item">
      <div><img data-original="res/jquery/images/computer11.jpg" /></div>
      <div>￥5699.00</div>
      <div>联想(Lenovo)小新 Pro13 2020性能版 英特尔酷睿 i5</div>
    </div>
```

```
    <div class="item">
      <div><img data-original="res/jquery/images/computer12.jpg" /></div>
      <div>¥5199.00</div>
      <div>联想(Lenovo)拯救者 R7000 15.6 英寸游戏笔记本电脑</div>
    </div>
  </div>
  <div class="item-list">
    <div class="item">
      <div><img data-original="res/jquery/images/computer13.jpg" /></div>
      <div>¥5899.00</div>
      <div>华为(HUAWEI)MateBook 13 2020 款全面屏轻薄性能笔记本电脑</div>
    </div>
    <div class="item">
      <div><img data-original="res/jquery/images/computer14.jpg" /></div>
      <div>¥4299.00</div>
      <div>RedmiBook 14 增强版 全金属超轻薄</div>
    </div>
    <div class="item">
      <div><img data-original="res/jquery/images/computer15.jpg" /></div>
      <div>¥5599.00</div>
      <div>联想 ThinkPad E14 2021 款 酷睿版 英特尔酷睿 i7 14 英寸轻薄笔记本电脑
</div>
    </div>
  </div>
  <div class="item-list">
    <div class="item">
      <div><img data-original="res/jquery/images/computer16.jpg" /></div>
      <div>¥6499.00</div>
      <div>联想 YOGA 14s 高性能商务轻薄本 14 英寸全面屏办公笔记本电脑</div>
    </div>
    <div class="item">
      <div><img data-original="res/jquery/images/computer17.jpg" /></div>
      <div>¥8699.00</div>
      <div>机械革命(MECHREVO)钛钽 PLUS 11 代八核 17.3 英寸 165Hz 电竞游戏</div>
    </div>
    <div class="item">
      <div><img data-original="res/jquery/images/computer18.jpg" /></div>
      <div>¥7199.00</div>
      <div>华硕(ASUS) 灵耀 14 英特尔酷睿 i7 14.0 英寸轻薄笔记本电脑</div>
    </div>
  </div>
  <div class="item-list">
```

```
    <div class="item">
      <div><img data-original="res/jquery/images/computer19.jpg" /></div>
      <div>￥4499.00</div>
      <div>华硕(ASUS) VivoBook15s 英特尔酷睿 i5 新版 15.6 英寸轻薄笔记本电脑</div>
    </div>
    <div class="item">
      <div><img data-original="res/jquery/images/computer20.jpg" /></div>
      <div>￥10999.00</div>
      <div>ROG 幻 16 轻薄高性能 16 英寸设计师笔记本电脑</div>
    </div>
    <div class="item">
      <div><img data-original="res/jquery/images/computer21.jpg" /></div>
      <div>￥3899.00</div>
      <div>小米 (MI)Ruby 15.6 英寸 网课 学习轻薄笔记本电脑</div>
    </div>
  </div>
  <div class="item-list">
    <div class="item">
      <div><img data-original="res/jquery/images/computer22.jpg" /></div>
      <div>￥4999.00</div>
      <div>联想 ThinkPad T495(02CD)14 英寸轻薄笔记本电脑</div>
    </div>
    <div class="item">
      <div><img data-original="res/jquery/images/computer23.jpg" /></div>
      <div>￥6999.00</div>
      <div>联想(Lenovo)拯救者 Y7000P 英特尔酷睿 i5 15.6 英寸游戏笔记本电脑</div>
    </div>
    <div class="item">
      <div><img data-original="res/jquery/images/computer24.jpg" /></div>
      <div>￥4999.00</div>
      <div>华硕（ASUS）飞行堡垒 7 15.6 英寸窄边框游戏本笔记本电脑</div>
    </div>
  </div>
  <div class="item-list">
    <div class="item">
      <div><img data-original="res/jquery/images/computer25.jpg" /></div>
      <div>￥2099.00</div>
      <div>宏碁 (Acer)墨舞 EX215 15.6 英寸轻薄笔记本</div>
    </div>
    <div class="item">
      <div><img data-original="res/jquery/images/computer26.jpg" /></div>
      <div>￥6099.00</div>
```

```
            <div>华硕(ASUS) 天选 15.6 英寸游戏笔记本电脑</div>
          </div>
          <div class="item">
            <div><img data-original="res/jquery/images/computer27.jpg" /></div>
            <div>￥3999.00</div>
            <div>宏碁 传奇 14 英寸 7nm 六核处理器 轻薄本</div>
          </div>
        </div>
      </section>
    </body>
  </html>
```

**代码讲解**

1. 导入插件相关文件

```
<script type="text/javascript" src="res/jquery/jquery-1.8.3.min.js"></script>
<script type="text/javascript" src="res/jquery/jquery.lazyload.js"></script>
```

导入 Lazy Load 插件所需的文件。

jquery-1.8.3.min.js：jQuery 库。

jquery.lazyload.js：Lazy Load 插件的 JS 文件。

注意：在导入以上 JS 文件时，必须先导入 jQuery 库，再导入 Lazy Load 插件。

2. 编写图片标签

```
<img data-original=" res/jquery/images/computer1.jpg" />
```

将图片的真实路径放在 img 标签的 data-original 属性上。

注意：当当前图片出现在浏览器可视区域中时，Lazy Load 插件将会加载 data-original 属性所指定的图片。

3. 初始化 Lazy Load 插件

```
$("img").lazyload({
    effect :"fadeIn",
    threshold:-100
});
```

使用 lazyload()方法初始化 Lazy Load 插件，并指定该插件所需处理的图片标签。

$("img")：用于指定 Lazy Load 插件所需处理的图片标签。

lazyload()：用于初始化 Lazy Load 插件。

effect:"fadeIn"：插件参数，用于设置图片标签的载入特效。

threshold:-100：提前开始加载，值为数字，代表页面高度。将其设置为-100，表示在滚动条离目标位置还有-100 的高度时就开始加载图片。

### 运行效果

运行以上代码，效果如图 5-5 所示。

图 5-5　图片懒加载

懒加载插件的常用参数如表 5-3 所示。

表 5-3　懒加载插件的常用参数

| 参数 | 说明 |
| --- | --- |
| threshold | 设置加载图片的临界点，默认为 0 |
| failure_limit | 控制 Lazy Load 插件的加载行为 |
| container | 设置触发懒加载的容器，默认为 window |
| event | 设置触发懒加载的事件，默认为 scroll |
| effect | 设置图片载入特效，默认为 show，还可以设置为 fadeIn、slideDown |
| skip_invisible | 是否忽略隐藏图片，默认为 true |
| placeholder | 设置默认的占位图片 |

注：除上述参数外，懒加载插件的参数还有很多，在此就不一一介绍了。

下面来看一个示例，通过使用 jQuery 的分页插件实现信息的分页效果。

### 示例

```
<!DOCTYPE html>
<html>

<head>
    <title>博物馆分页</title>
```

```
<meta charset="UTF-8">
<style type="text/css">
    section {
        border: 2px solid #B9B9B9;
        width: 700px;
        margin: 50px auto 0px auto;
    }

    .row {
        width: 100%;
        display: flex;
    }

    .row:not(:last-child) {
        border-bottom: 1px solid #B9B9B9;
    }

    .row>div {
        height: 30px;
        line-height: 30px;
    }

    .row>div:not(:last-child) {
        border-right: 1px solid #B9B9B9;
    }

    .row>div:nth-child(1) {
        width: 70px;
        text-align: center;
    }

    .row>div:nth-child(2) {
        width: 300px;
        padding-left: 5px;
    }

    .row>div:nth-child(3) {
        width: 100px;
        text-align: center;
    }

    .row>div:nth-child(4) {
```

```
            width: 230px;
            text-align: center;
        }

        .title {
            background-color: #F0F0F0;
            font-weight: bold;
        }

        .pageList {
            width: 700px;
            height: 40px;
            margin: 10px auto;
            display: flex;
            justify-content: flex-start;
            align-items: center;
        }
    </style>
    <link href="res/jquery/pagination.css" type="text/css" rel="stylesheet" />
    <script type="text/javascript" src="res/jquery/jquery-1.8.3.min.js">
</script>
    <script type="text/javascript" src=" res/jquery/pagination.js"></script>
    <script type="text/javascript">var dataList = [
            { "id": 1, "title": "故宫博物院", "goods": "五牛图", "date": "唐朝" },
            { "id": 2, "title": "中国国家博物馆", "goods": "大盂鼎", "date": "
西周" },
            { "id": 7, "title": "陕西历史博物馆", "goods": "杜虎符", "date": "秦" },
            { "id": 3, "title": "南京博物院", "goods": "青铜鸠杖", "date": "春
秋晚期" },
            { "id": 4, "title": "浙江省博物馆", "goods": "富春山居图", "date": "
元代" },
            { "id": 5, "title": "河南博物院", "goods": "莲鹤方壶", "date": "春秋" },
            { "id": 6, "title": "湖南省博物馆", "goods": "商代象纹铜铙", "date":
"商代" },
            { "id": 8, "title": "甘肃省博物馆", "goods": "铜奔马", "date": "东汉" },
            { "id": 9, "title": "西安碑林博物馆", "goods": "多宝塔碑", "date": "唐" },
            { "id": 10, "title": "秦始皇帝陵博物院", "goods": "秦青铜鼎",
"date": "秦" },
            { "id": 11, "title": "辽宁省博物馆", "goods": "玉猪龙", "date": "
红山文化" },
```

```
            { "id": 12, "title": "河北省博物馆", "goods": "长信宫灯", "date": "
西汉" },
            { "id": 13, "title": "洛阳博物馆", "goods": "白玉杯", "date": "曹魏" }
        ];

        $(function () {
            var options = {
                dataSource: dataList,
                pageSize: 3,
                showGoInput: true,
                showGoButton: true,
                showNavigator: true,
                callback: function (data, pagination) {
                    var str = "";
                    for (var i = 0; i < data.length; i++) {
                        str += "<div class='row'>";
                        str += "<div>" + data[i].id + "</div>";
                        str += "<div>" + data[i].title + "</div>";
                        str += "<div>" + data[i].goods + "</div>";
                        str += "<div>" + data[i].date + "</div>";
                        str += "</div>";
                    }
                    $(".data").html(str);
                }
            };

            $(".pageList").pagination(options);
        })
    </script>
</head>

<body>
    <section>
        <div class="row title">
            <div>编号</div>
            <div>博物馆名称</div>
            <div>主要藏品</div>
            <div>年代</div>
        </div><!-- 分页数据 -->
        <div class="data">
        </div>
    </section><!-- 分页栏 -->
```

```
    <div class="pageList"></div>
</body>

</html>
```

代码讲解

1. 导入插件相关文件

```
<link href="res/jquery/pagination.css" type="text/css" rel="stylesheet" />
```

导入分页插件所需的 CSS 文件。

```
<script type="text/javascript" src="res/jquery/jquery-1.8.3.min.js"></script>
```

导入 jQuery 文件，该文件一定要在分页插件的 JS 文件之前导入。

```
<script type="text/javascript" src="res/jquery/pagination.js"></script>
```

导入分页插件的 JS 文件。

2. 配置分页插件的参数

```
var options = {
    dataSource:dataList,
```

指定分页的数据来源为 dataList 数组。

```
    pageSize:3,
```

设置每页显示的记录数为 3。

```
    showGoInput:true,
```

设置分页插件显示跳页文本框。

```
    showGoButton:true,
```

设置分页插件显示跳页“Go”按钮。

```
    showNavigator:true,
```

显示分页导航。

```
    callback:function(data,pagination){
        var str = "";
        for(var i=0;i<data.length;i++){
            str += "<div class='row'>";
            str += "<div>"+data[i].id+"</div>";
            str += "<div>"+data[i].title+"</div>";
            str += "<div>"+data[i].goods+"</div>";
            str += "<div>"+data[i].date+"</div>";
            str += "</div>";
        }
        $(".data").html(str);
```

循环每页要显示的数据，并把数据添加到显示数据的 div 标签中。

```
    }
```

设置分页时的回调函数，参数 data 为分页后每页要显示的数据，参数 pagination 为每页的相关信息。

```
}
```

3. 初始化分页插件

```
$(".pageList").pagination(options);
```

使用 pagination()方法初始化分页插件，并显示在指定的 HTML 标签中。

上述代码的运行效果如图 5-6 所示。

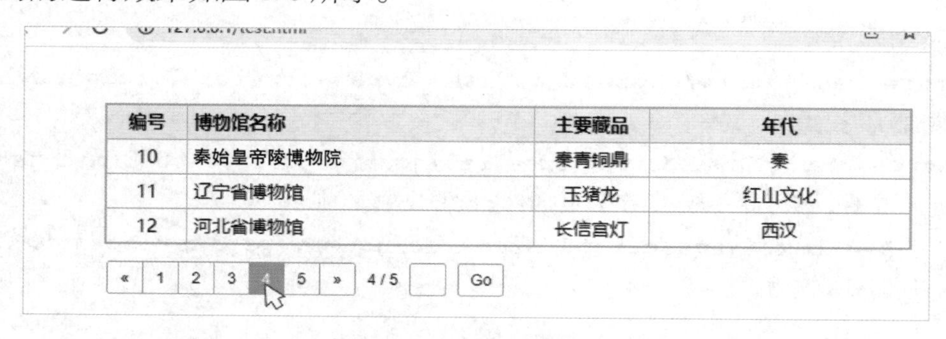

| 编号 | 博物馆名称 | 主要藏品 | 年代 |
|---|---|---|---|
| 10 | 秦始皇帝陵博物院 | 秦青铜鼎 | 秦 |
| 11 | 辽宁省博物馆 | 玉猪龙 | 红山文化 |
| 12 | 河北省博物馆 | 长信宫灯 | 西汉 |

« 1 2 3 4 5 » 4 / 5 Go

图 5-6　示例运行效果

## 扩展练习

运用学到的知识，完成以下拓展任务。

### 拓展 1：新闻列表分页

运行效果如图 5-7 所示。

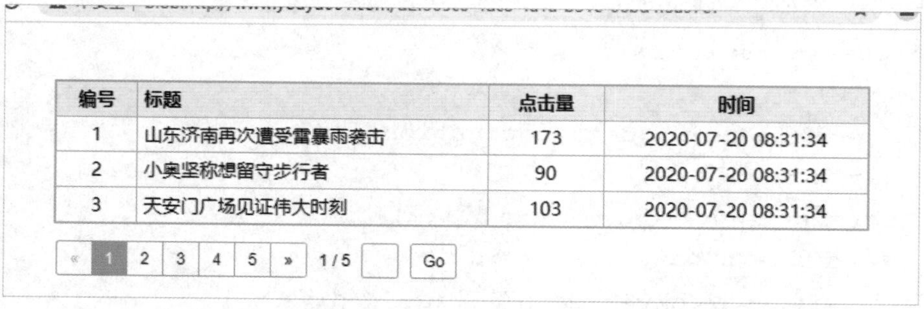

| 编号 | 标题 | 点击量 | 时间 |
|---|---|---|---|
| 1 | 山东济南再次遭受雷暴雨袭击 | 173 | 2020-07-20 08:31:34 |
| 2 | 小奥坚称想留守步行者 | 90 | 2020-07-20 08:31:34 |
| 3 | 天安门广场见证伟大时刻 | 103 | 2020-07-20 08:31:34 |

« 1 2 3 4 5 » 1 / 5 Go

图 5-7　新闻列表分页示例运行效果

**要求：**

（1）参考示例运行效果，制作 HTML 显示页面。

（2）定义 dataList 数组，用于充当分页的数据。

（3）添加页面载入事件，通过分页插件实现分页功能。

（4）设置分页插件的参数，具体如下。

分页数据：dataList。

每页显示记录数：3。

是否显示分页导航：true。

是否显示跳页文本框：true。

是否显示跳页“Go”按钮：true。

（5）将分页数据显示到 class 属性值为 data 的标签中。

（6）将分页栏显示到 class 属性值为 pageList 的标签中。

**在线做题：**

打开浏览器并输入指定地址，在线完成本道练习题。

实训链接：http://www.hxedu.com.cn/Resource/OS/AR/zz/zxy/202103636/6.html

实训码：0559b3fb

### 拓展 2：查看大图

运行效果如图 5-8 所示。

图 5-8　查看大图示例运行效果

**要求：**

（1）参考示例运行效果，制作 HTML 显示页面。

（2）添加页面载入事件，通过 jqzoom 插件实现鼠标放大镜功能。

（3）设置 jqzoom 插件的参数，具体如下。

所选区域宽度：400px。

所选区域高度：400px。

（4）所有小图图片路径如下。

res/jquery/images/2/small1.jpg

res/jquery/images/2/small2.jpg

res/jquery/images/2/small3.jpg

res/jquery/images/2/small4.jpg

res/jquery/images/2/small5.jpg

res/jquery/images/2/small6.jpg

（5）所有大图图片路径如下。

res/jquery/images/2/big1.jpg

res/jquery/images/2/big2.jpg

res/jquery/images/2/big3.jpg

res/jquery/images/2/big4.jpg

res/jquery/images/2/big5.jpg

res/jquery/images/2/big6.jpg

（6）所有缩略图图片路径如下。

res/jquery/images/2/thumb1.jpg

res/jquery/images/2/thumb2.jpg

res/jquery/images/2/thumb3.jpg

res/jquery/images/2/thumb4.jpg

res/jquery/images/2/thumb5.jpg

res/jquery/images/2/thumb6.jpg

**在线做题：**

打开浏览器并输入指定地址，在线完成本道练习题。

实训链接：http://www.hxedu.com.cn/Resource/OS/AR/zz/zxy/202103636/6.html

实训码：ba32bafe

### 拓展 3：风景列表

运行效果如图 5-9 所示。

**要求：**

（1）参考示例运行效果，制作 HTML 显示页面。

（2）添加页面载入事件。

（3）通过 Lazy Load 插件实现所有图片的延迟加载功能。

（4）设置 Lazy Load 插件的参数，具体如下。

图 5-9　风景列表示例运行效果

懒加载的容器：section 标签。

载入特效：fadeIn。

加载图片的临界点：−100。

**在线做题：**

打开浏览器并输入指定地址，在线完成本道练习题。

实训链接：http://www.hxedu.com.cn/Resource/OS/AR/zz/zxy/202103636/6.html

实训码：98fd55b5

## 拓展 4：宝贝推荐

运行效果如图 5-10 所示。

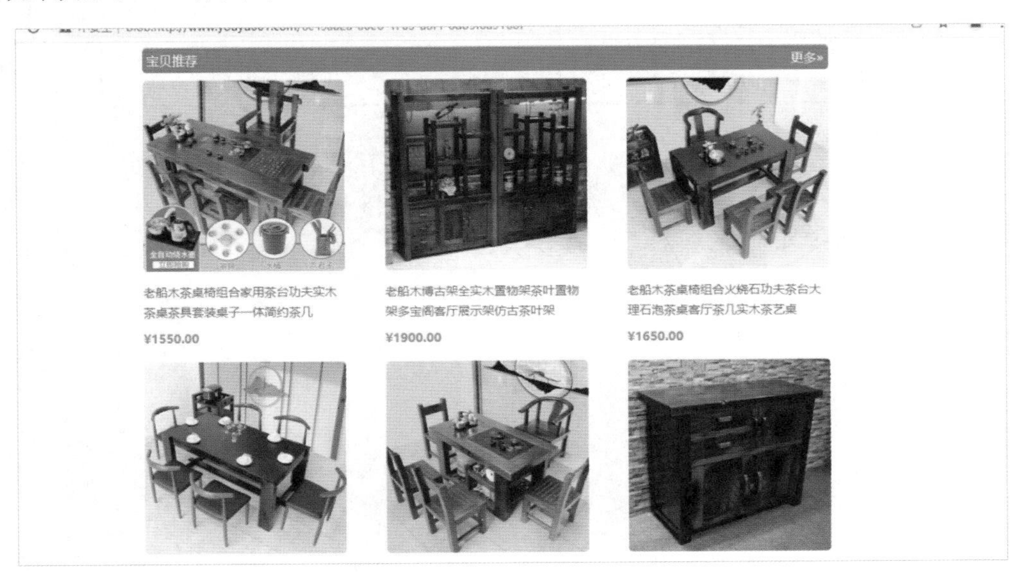


图 5-10　宝贝推荐示例运行效果

**要求：**

（1）参考示例运行效果，制作 HTML 显示页面。

（2）添加页面载入事件。

（3）通过 Lazy Load 插件实现所有图片的延迟加载功能。

（4）设置 Lazy Load 插件的参数，具体如下。

载入特效：fadeIn。

加载图片的临界点：−100。

**在线做题：**

打开浏览器并输入指定地址，在线完成本道练习题。

实训链接：http://www.hxedu.com.cn/Resource/OS/AR/zz/zxy/202103636/6.html

实训码：60f8f591

## 测验评价

### 1. 评价标准（见表 5-4）

表 5-4　评价标准

| 采分点 | 教师评分<br>（0～5 分） | 自评<br>（0～5 分） | 互评<br>（0～5 分） |
|---|---|---|---|
| 1. 可以正确导入插件所需的文件。<br>2. 可以使用 Pagination 插件实现分页效果。<br>3. 可以使用 jqzoom 插件实现鼠标放大镜效果。<br>4. 可以使用 Lazy Load 插件实现图片延迟加载效果。<br>5. 可以正确使用常用的插件实现相应的效果 | | | |

### 2. 在线测评

打开浏览器并输入指定地址，在线完成测评。